五方よしの経営

新たな発想で
高い付加価値をつくる

A COMPANY'S
GROWTH IS
TIED TO THE GROWTH
OF THE LOCAL
COMMUNITY.

菊地里志

はじめに

会社は誰のために存在するのか？

これは、経営者であれば誰もが一度は考えたことのある問いではないでしょうか。

社員や株主のためという答えは間違いではありません。しかし、会社の価値は、もっと多くの人々とのかかわりのなかで生まれてくるものだと私は考えています。

たとえば、私たちのように建設業界で仕事をしている場合、土地を提供してくれる地主の方々、建物に入居してくださるテナントの皆さま、工事を支える職人さんたち、資金面で支援してくださる銀行、そして私たち。この五者が互いに価値を分かち合える関係を築くことこそが、会社の本質だといえます。

この考え方を私は「五方よし」と呼んでいます。

「五方よし」について、最近では各地で講演をさせていただく機会が増えてきました。そのたびに、多くの経営者の方々から「これからの時代に必要な経営の形がよくわかった」というお言葉をいただきます。

しかし、この考え方には最初から明確な形があったわけではありません。長年の試行錯誤の末に、少しずつ形作られていったものです。

さて、ここで簡単に私の自己紹介をさせてください。私は千葉県鎌ケ谷市で建設会社を経営している菊地里志と申します。

秋田県の米農家に生まれ、建築士として独立した後、設計から建設、不動産管理までを手がける会社を創業。現在、当社は年商55億円規模の企業に成長しています。

先ほどお伝えしたとおり「五方よし」の考え方は、この道のりで出会ったさまざまな人々との関係づくりのなかで、試行錯誤を重ねながら少しずつ形作られていったものです。

たとえば、バブル崩壊後の苦境のなかで、私たちが生き残れたのは、それまでに築いてきた関係者との信頼関係があったからこそです。

また、建築業界で深刻化する職人不足の問題も、単に賃金を上げるだけでは解決できません。職人さんが誇りを持って働ける環境づくりこそが、本質的な解決策となるのです。

本書では、これまで私が歩んできた道のりと、そこで培われた「五方よし」の考え方についてお話しさせていただきます。

第1章では創業に至るまでの経緯、第2章では建築士として生き残るために取り組んできたこと、第3章では「五方よし」のビジネスモデルの確立について、第4章ではバブル崩壊の危機を乗り越えた経験を、そして第5章では「五方よし」を次世代につなぐための事業承継の在り方について、それぞれ詳しくご紹介していきます。

経営の世界では、短期的な利益追求や、特定の利害関係者の利益最大化を目指す考え方が依然として根強く残っています。しかし、そのような経営では、真の意味での持続可能性を実現することはできません。

本書を手に取ってくださった皆さまには、単なる一企業の成功談としてではなく、これからの時代に求められるビジネスの在り方のヒントとしてこの先を読み進めていただければ幸いです。

特に、事業の継続や発展に悩む経営者の方々の参考に少しでもなれば、私にとってこれほどうれしいことはありません。

Contents

第1章

年商55億円
企業の
誕生裏話

建築士を目指す

昭和30年4月21日、私は秋田県の米農家に生まれました。幼いころは勉強よりも遊びに夢中で、学校が終われば友人と外で走り回っているような子どもでした。

農家を継がなかったふたつの理由

実家が農家であることを周囲に話すと「なぜ農家を継がなかったのか」と聞かれることがあります。これには大きくふたつの理由があります。

ひとつは、私の**兄弟構成**です。

私は3人兄弟の次男で、3つ上に兄が、5つ下には弟がいます。今の都市部では考えられないことかもしれませんが、当時の田舎の農家では、長男が親の跡を継ぐことが当たり前。**家を継ぐ必要のない次男以下は、いずれ家を出ていくものだという暗黙の了**解がありました。

つまり、生まれ順によって将来が決まるといっても過言ではなかったのです。

もちろん、私の家も例外ではありませんでした。私は「早く家を出て自立しなければならない」と、小学生になるころにはなんとなく理解していました。

ふたつめの理由は、私の**皮膚の弱さ**です。

今でこそ機械化が進んでいる農家の仕事ですが、当時は田植えや稲の刈り取り、運搬、天日干しといった工程をすべて手作業で行っていました。私が小学生のころ、毎年秋になると家族総出で田んぼに出ました。稲の刈り取りと天日干しの作業が終わると、父は満足そうに笑顔を見せます。

しかし、農作業を手伝うたびに、稲に触れた私の脚の皮膚はひどく荒れました。きちんと調べたことはありませんが、今振り返ればきっとイネ科アレルギーだったのではないかと思います。

これは致命的な弱点でした。米農家の息子が稲で肌荒れを起こすなんて、なんという皮肉でしょう。

そんなわけで、私は次男であったことと米づくりには向いていない体質を理由に、農家とは別の道を歩むことを決断したのです。

親は安定を求めるが……

私の地元は、昔から米づくりが盛んな農業地帯です。

とはいえ、農業だけで生活を送るために十分な収入を得ることは難しく、ほとんどの農家が兼業農家としてさまざまな仕事を掛け持ちしていました。

そんな背景もあり、**多くの親は、「わが子には堅い職業に就いてほしい」と望みました。** 農業以外の仕事で安定的に収入を得ながら、不自由なく暮らせるようになることが、親としての願いだったというわけです。

当然、私の家でも例外ではありません。長男である兄は、跡継ぎとして農業をしながら役所に勤めるように言われました。

次男である私はというと、これもまた安定した職業というイメージが強い銀行員になるように強く勧められました。今でも親から「お前は銀行に勤めたほうがいい」と言われたことをはっきりと覚えています。

中学生時代の私は、決して優等生とはいえないものの、学内では240人中20番目くらいの成績を維持していました。その気にさえなれば、きっと親の望みどおりに銀行員になることもできたはずです。

それでも、金融業にまったく魅力を感じませんでした。純粋に「**人の**

お金を集めて何が楽しいのだろう」という疑問があったのです。

親からのアドバイスに対してその場で反発することはありませんでしたが、私の心はこのときすでに別の場所を向いていました。

中学生時代、憧れたのが士業と実業家

建築士を志すようになったのは、中学2年生のころです。銀行員を目指す代わりに「建築の道に進みたい」と親に伝えました。

建築士になりたいと考えた理由は、とても単純。「**士業は食いっぱぐれがない**」と考えたからです。

当時は、まだ社会のことや働くことについて何も知りませんでした。しかしながら、弁護士、税理士、建築士など、「○○士」という職業に就けば、一生食べていけるような気がしたのです。私なりに、安定を求

める親の期待に応えようとしていたのかもしれません。

士業のなかでも、最初は弁護士に憧れました。しかし、すぐに「弁護士になるのは難しい」と判断しました。裕福とはいえない私の家庭では、弁護士になるための教育費を捻出するのが困難だと思ったのです。


そこで目を付けたのが建築士でした。近所に大工さんや建築士など、建築関係者が多く暮らしていたことから、以前より親しみやすさを感じていたことも大きく関係しています。

しかし、**建築と農業の間にある「共通点」を見出したのが建築士を目指すようになった一番の決め手**でした。


その共通点とは、**人間が生きていくうえでは欠かせない「衣食住」を「つくる」という行為によって支える仕事**であることです。

農業は人々の「食」を、建築は「住」を支える仕事です。そして、どちらも**自ら手を動かして一から何かをつくりだす創造的な仕事**でもあります。農家の息子である私が建築を目指すことの大義名分が、そこにあるように感じられました。

ちなみに、建築士を目指すようになった時期、憧れを抱くようになったもうひとつの職業がありました。それは実業家です。

中学生の私には、当然ビジネスのことはまったくわかりません。それでも、テレビに映しだされる実業家の姿はとても輝いて見えました。

このとき、**自分の考えを形にし、大きな事業を展開する経営者の仕事にはロマンのようなものがある**と感じたのです。

少年時代に芽生えた建築への興味と経営者への憧れは、後の人生に大きな影響を与える、私の原点ともいえます。

高卒お断り！学歴が物を言う建築の設計

昭和46年4月、私は「建築士になる」という夢を叶えるべく、地元の県立工業高校の建築学科に進学しました。

当時、秋田県内には建築学科を備えた高校が3校しか存在せず、定員は合わせて150名ほど。そのため高校で建築を学ぶには、4〜5倍の高い受験倍率をくぐり抜ける必要がありました。

普段からコツコツと勉強するタイプではなかった私ですが、目標を叶えるために努力し、なんとか試験に合格することができました。

入学してみると、生徒のほとんどが建築・土建業の息子たち。百姓の息子は私一人だけでした。

工業高校では、設計図の書き方から建築材料の知識まで、実践的な内容を学びました。特に印象に残っているのは、初めて自分で設計した小さな住宅モデル。それが形になったときの喜びは今でも忘れられません。

卒業後の進路を決める時期に差しかかると、大学への推薦入学の話をちらほらいただくようになりました。

より建築について学びを深めていきたい――。そんな思いから、具体的に大学進学を考えたこともありました。

しかし、当時の大学進学率は約2割。大学に行くことが当たり前ではない時代です。決して安くはない学費のことを考えると、両親に対して「大学に進学したい」と伝えるのは勇気がいることでした。

私が進学について悩んでいる間にも、同級生は次々に就職先を決めていました。

当時は高度経済成長期の真っ只中。日本経済は年平均10%程度の成長を続けており、特に建築業界は好景気に沸いていました。黄金期を迎えていた建築業界で、即戦力となる工業高校卒業生は引く手数多だったのです。

「金の卵」である私の同級生たちは、みんな大手のデベロッパーや財閥系の建築会社から早々に内定を得ていったのでした。

大学に行くか、就職をするか。

迷った末に、**私は大学の推薦入学の話を断り、企業に就職をする道を選びました。**

しかし決断するのが遅すぎました。周りの学生がとっくに就職を決めた後、残っていた就職先はわずか数社。少ない選択肢のなかから、私はとある鉄道系の建設会社への就職を決めました。大手鉄道会社のグループ企業であれば、きっと潰れることはないだろうという打算があったためです。

こうして、高校卒業と同時に生まれ育った秋田の地を去り、上京することになりました。

就職後、学歴の重要性を痛感

会社に入社すると、都心にある事務所と埼玉県所沢市内の建築現場を往復する生活がはじまりました。

私は満員電車での移動が大嫌いでした。朝からぎゅうぎゅう詰めにされた後、疲れ果てた体で仕事をする。これが人間のやるべきことだとは到底思えません。

都会で会社員として働くことの大変さを知るのと同時に、自分がまるで会社の歯車になっていくような感覚に陥りました。満員電車に乗るたびに、やる気はどんどん削がれていきました。

やる気を奪ったのは満員電車だけではありません。描いていた理想とはまったく違う仕事内容にもがっかりさせられました。

「工業高校で建築を学べば、設計の仕事ができる」と思っていたのですが、現実はそれほど甘くはなかったのです。

高卒の私に任せてもらえた現場は、仕様が決まったプレハブ4階建ての社宅のみ。それも設計ではなく現場監督の仕事でした。創造的な仕事がしたくて上京していたため、**理想と現実のギャップに落胆**しました。

指導役の先輩に「自分は設計の仕事がしたくて会社に入ったのだ」と伝えると、聞かされたのは「**設計部門に配属されるのは大卒のみ**」であるという衝撃の事実でした。

このときに先輩が口にした「お前ら高卒は設計関係の仕事には就けな

い。どうせ現場監督止まりだ」という言葉は今でも忘れられません。

なぜ、ただの教育係にそんなことを言われなければいけないのか。とても頭にきました。そして、この瞬間に「このままこの会社にいてはダメだ」とも感じました。

同じ時期に、会社には学閥というものが存在することも知りました。当時、グループの幹部のほとんどは難関大学の出身者。世の中とはこんなものかと思いました。

いざ高校を卒業し「これからは実力主義の社会で生きていくのだ」と意気込んで就職したのもつかの間、私はすぐに自分の考え方が甘かったのだと痛感しました。

そこに広がっていたのは、実力主義とはほど遠い「学歴社会」だったのです。会社員として生きていくうえで「大卒」というステータスがい

かに重要なのかを思い知ることになりました。

結果的に、私は仕事にやりがいを見出せないまま、高卒で就職した会社をたったの3カ月で退職しました。

学生、社会人、そして起業家へ

「高卒」という学歴に対して引け目を感じながら生き続けるのは御免です。劣等感を払拭し、自分に自信を持って堂々と社会を生き抜くためにはどうすればいいのか。

一番手っ取り早いのは、大学を卒業してしまうことでしょう。そう考えた私は、大学受験をすることに決めました。

せっかく大学に行くのであれば、誰もが知っているような難関大学を目指そうとするのが一般的かもしれません。

しかし、私の考えは違いました。

目的は、とにかく「大卒」という肩書きを手に入れることです。大学を卒業したという事実さえあれば、卑屈にならずに済む。自信を持って生きていける。大学名なんて私にとってはどうでもよいことなのです。

そうはいっても、私にとって大学受験は大きな挑戦でした。

通っていた工業高校では、普通高校のように進学を前提とした授業を行っていなかったのです。数学や英語などの受験に必須となる科目については、3年間で最低限の基礎的な知識しか身につきませんでした。

受験に必要な科目に関する知識が圧倒的に不足した状態で予備校通いをはじめた私は、1年の浪人を経て工学院大学Ⅱ部に合格しました。

受験勉強から解放された後、次に頭を悩ませたのは学費の支払いです。会社をたった3カ月で辞めてしまった私には、当然のことながら貯金などありません。そのため、**アルバイトをしながら生活費と学費を稼ぐ必要がありました**。

私は、勤めていた会社の同僚から千葉県鎌ケ谷市にある設計事務所を紹介してもらい、そこでアルバイトをさせてもらうことにしました。

オーナーの奥さんが私と同じ秋田県出身だったこともあり、話がスムーズに進んだのです。

鎌ケ谷市に引っ越した後、**昼は設計事務所でのアルバイトで学費を稼ぎ、夜は大学の授業に出席する4年間**を過ごしました。

夜間の授業に通うため、アルバイトではいつも早く帰らせてもらいました。しかし、所員の皆さまに迷惑ばかりかけていられません。平日は仕事を持ち帰り、週末は遅れを取り戻すために毎週働く。そうやって、なんとか帳尻を合わせようとしました。

平日のスケジュールを振り返ると、だいたい次のとおりでした。

・通勤……約1時間
・仕事……8時間

・通学……約2時間30分
・大学……6時間
・自宅での仕事と勉強……1時間30分～2時間30分
・睡眠……4～5時間

自分が決めた目標を達成するために、必要な行動を起こすのは当然のこと。そのように考えていた私は、この当時に自分のことを苦学生だと感じたことはありません。

しかし、今振り返ればよくやってこれたものだと思います。

親兄弟、親戚もいない土地での一人暮らし。周囲に身の回りの面倒を見てくれる人はいません。そのため、炊事や洗濯、掃除などの家事も、すべて一人で行わなければなりませんでした。仕事に勉強、家事をこなしながら、大学では夜中に部活動で少林寺拳法の練習までしていたのですから、これは若さと体力があったからこそ成し遂げられたことだとしか言いようがありません。

高校時代、迷わず大学進学を選んでいれば、おそらくここまでの苦労はしなかったでしょう。

ただ、後悔はありません。この時期があったからこそ、親のありがたさや食べることのありがたさ、社会人として生きていく苦労や人の痛みを知ることができたのです。

この4年間の経験は、後の独立につながる重要な学びとなっただけでなく、私という人間の基礎を築くための貴重な時間となったと感じています。

日に日に強まる独立への思い

「いつか自分で会社を興す」

大学在学中からそう心に決めていました。

満員電車に揺られ、会社の歯車として働く生活よりも、自分のペースで働ける環境を作るほうが自分には向いています。

設計事務所でのアルバイトを通じて、**設計だけではなく建築のプロセス全体にかかわりたいという思いが日に日に強まっていたことも、起業を志す後押し**となりました。

すでに独立を決心していた私ですが、卒業後すぐに起業することはしませんでした。**成功するためには、もう少しこの業界で経験を積む必要**

があると考えたからです。

そこで大学卒業後、24歳のときに鎌ケ谷巧業株式会社（今では地域の大手企業です）に就職しました。

入社のきっかけは、当時の社長に気に入られ「建築部門の設計責任者をやってほしい」と頼まれたことでした。

入社後、社長の仕事に興味津々だった私は、社長とふたりでよく経営の話をしました。20ほど歳の離れた社長に対して「俺だったらこうする」などと意見することも日常茶飯事。若さゆえの言動とはいえ、本当に生意気な若者だったと思います。

そんな様子を見ていた社長が、ある日「お前はもう独立したほうがいい」と助言してくれました。もともと独立するつもりであった私は「実は俺もそう考えているんだ」と本音をこぼしました。

もともと、しばらくの間は就職先の会社で経験を積もうと考えていたのですが、**日に日に強くなる経営への関心は抑えられませんでした。**社長の一言が決定打となり、早めに独立し、自ら事業をはじめる選択をします。この決断は、私の人生において重要な転換点となりました。

農家の次男坊として生まれた私は、こうして建築の道を志し、そして自らの会社を立ち上げるという大きな挑戦に踏み出したのです。後に掲げることになる『五方よし』の哲学の原点は、独立までの歩みのなかで得られたあらゆる経験や気付きにあるといえます。

第2章

建築士として
生き残る
ために

鉛筆1本から
はじまった会社づくり

昭和55年4月、私は25歳で千葉県鎌ケ谷市に菊地建築設計事務所を起業しました。アパートの一室からの船出です。

私が起業した時代は、ちょうど建築業界にとって大きな転換期でした。昭和56年に建築基準法が大幅に改正され、新耐震基準の施行が開始されました。そのほか、昭和50年代には防火規制の強化や日影規制の導入など、新しい規制が次々と加わっていきました。それまで腕一本で通用していた建築の世界に、より専門的な知識が求められるようになったのです。

また、高度経済成長期後の鎌ケ谷市は、東京のベッドタウンとして急速な発展を遂げていました。

昭和40年にはわずか1万人程度だった人口が、私が起業した昭和55年には6万人を超え、その後も増加の一途をたどっていたのです。

この人口増加にともない、これまでの一戸建て住宅中心の需要にも変化が現れ、次第にアパートやマンションといった集合住宅へのニーズが高まっていきました。

また、都市化の進展とともに、幹線道路沿いに大型店舗を出店する、いわゆるロードサイドビジネスを展開する企業も増えました。

こうした時代の変化は、建築士の私にとってはむしろチャンスでした。複雑化する法規制への対応や、土地活用の提案など、専門家としての知識がより必要とされる時代が来ていたのです。

建築確認と設計をセットで提案

社名に「設計事務所」と入れたのは、建築業界の特徴を逆手に取った戦略でした。

一般的な建築会社は「○○建設」や「○○工務店」という社名が多く、設計部門は社内のひとつの部署として存在しています。

しかし、**私はあえて「設計事務所」を前面に出しました。**

「すぐに工事の話になってしまうのではないか」と、建築会社に相談するのを身構えるかたでも、設計事務所であれば「まずは参考までに」という気持ちで気軽に資料を受け取ってくださるだろうと考えたのです。

当時はパソコンもない時代だったので、図面はすべて手描き。まさに鉛筆1本からのスタートです。

お客様さえ見つかれば、いつでも仕事ができる状況でしたが、起業と同時に仕事をもらえるようなツテはありません。そのため、まずは仕事を受注するための営業活動からはじめました。

最初は、地元の大工さんを回りました。

なぜ大工さんに営業したかというと、これにも自分なりの戦略がありました。

それは「建築確認申請」の代行と設計の仕事をセットで売り込むことでした。

建築確認申請とは、建物を建てる前に、その計画が建築基準法などの法令に適合しているかを確認するための申請手続きを指します。

申請書類には、配置図、平面図、立面図などの図面一式に加え、構造計算書や設備計画書などの書類を添付する必要があります。そのため、この申請は建築士によって行われるのが一般的です。

そこに目を付けた私は、自ら許可申請ができない大工の代わりに、許可申請を代行すると言って営業をかけたのです。

最初に仕事をくれたのは、鎌ケ谷で腕のいい大工として知られる棟梁でした。法規制は年々厳しくなり、申請書類も複雑化していく一方だったため、当時の大工さんは、建築確認申請の手続きに頭を悩ませていました。

私はその棟梁に、「建築確認申請は私にまかせてください」と提案しました。建築士として申請業務を代行する。そして、その土地に建築確認の許可が下りれば、そのまま建物の設計までさせていただく。これなら大工さんは本来の仕事に専念でき、私も安定した仕事を得ることができるので、お互いにメリットがあります。

この提案に、棟梁は賛同してくださり、最初の仕事がはじまりました。一つひとつの仕事に丁寧に取り組み、現場の要望にもきめ細かく対応していく。

すると、別の大工さんを紹介していただけるようになりました。「あいつに頼めば安心だ」と、大工さんの口コミで仕事が広がっていったのです。

青年会議所で、地元の人との信頼関係づくり

しかし、大工のお客様だけでは、いただける仕事の数に限界があります。かといって、やみくもに地元の企業に飛び込み営業をするのも得策とはいえません。就職するまで鎌ケ谷市に縁もゆかりもなかったよそ者

がいきなり訪問しても、ほとんどが門前払いに終わることは容易に想像できました。

そこで私は、ちょうど設立されたばかりの鎌ケ谷青年会議所に会員として入会し、集まりに通うようになりました。

この地で地元密着型の商売をするため、まず取り組むべきは、地元の方との信頼関係づくりだと考えたのです。

全国にある青年会議所は、地域の若手経営者や後継者が集まる団体です。商工会議所が地域のあらゆる年代の経営者が参加する経済団体であるのに対し、青年会議所は40歳までという年齢制限を設けています。

会員の多くは地域の若手経営者や後継者で、経営の勉強会や地域活性化のイベント企画などに熱心に取り組んでいました。

当時、鎌ケ谷青年会議所には約40人のメンバーが参加していました。会員のほとんどは、父の代から会社を継いだ2代目の経営者。うち30人が地元出身者で、残りの10人は私のような鎌ケ谷市外の出身者といった構成でした。

人脈づくりのために参加した青年会議所ですが、活動には熱心に取り組みました。

経営の勉強会はもちろんのこと、地域の夏祭りやイベントの企画運営にも積極的に参加しました。地域の皆さまと一緒に汗を流し、お祭りを成功させる。そんな経験を通じて、少しずつ地元の方々との距離が縮まっていきました。

会議に頻繁に出席していた私は、そのうち役員を任されるようになります。イベントの実行委員長なども務めるようになると、地域のために働く機会が以前よりも増えていきました。

また、地道な活動を重ねるなかで、地元の不動産会社や商業施設の担当者とも自然な形で知り合いになっていきました。皆さまが私のことを「よそ者」ではなく、「鎌ケ谷の人間」として見てくださるようになったのを実感できるようになったのはこのころのことです。

地元の方々と親交を深めるなかで、特に印象深かったのは、一軒の梨農家との出会いでした。

鎌ケ谷市は古くから梨の栽培が盛んな地域です。「鎌ケ谷の梨」は市の特産品として知られ、多くの農家が代々この地で梨作りを営んでいました。

しかし、後継者不足や収益性の問題から、遊休農地や耕作放棄地も増えつつありました。
農業だけでは生計を立てることが難しくなり、後継者の若い世代は他業種に転職していく。その結果、広大な梨畑が遊休地となっていく。これは鎌ケ谷市が抱える大きな課題でした。

多くの農家が先行きに不安を感じているこの状況を見過ごすわけにはいきませんでした。なぜなら、農家の家に生まれた私には、彼らの苦労が理解できるからです。

そこで、私は彼らの土地を有効活用するための提案をはじめました。たとえば、道路に面した農地にテナントビルを建てる。あるいは、市街化調整区域内の農地をアパートとして活用する。こうすることで、安定した不動産収入を得られるようになる。そんな提案です。

この経験は、私にとって大きな転換点となりました。

単に図面を引く設計事務所ではなく、土地の可能性を最大限に引き出す提案ができる存在でありたい。そう考えるようになったのです。

土地活用の手段としてビルやアパート、店舗の設計を手がけていくなかでは、利回りの向上が課題となりました。

そこで、昭和56年1月には、工事会社の株式会社地建工業を設立。設計から建築までを一気通貫で行うことで無駄を省き、工事費用を削減することに成功しました。

その結果、高利益率で安定した不動産経営を実現できることに、お客様から高い評価をいただけるようになりました。

このように、私は地元の活動に一生懸命取り組むことで、地域特有の課題に触れ、その解決策を提案できる関係性を築くことができました。**地域とのつながりを作ることが、新たなビジネスチャンスを生み出すきっかけとなった**のです。

第 2 章　建築士として生き残るために

目標を実現に近づける、人生計画書

さて、私が起業を考えはじめたころ、将来への展望を明確にするために取り組んだことがあります。それは「**人生計画書**」づくりです。

私は、若いころから「生まれたからには必ず死がある」と、常に心のどこかで死を意識しながら生きてきました。

限りある時間を大切に使いながら、自分の理想の人生を歩んでいきたい。目標や夢を持ち、それを叶えていきたい。そんな考えのもと、自分が死ぬまでに成し遂げたいことを、具体的な年表として書き出すことにしました。

毎晩、仕事が終わってから深夜まで、私は自分の将来について考え続けました。最初は漠然としていた目標も、書き出し、推敲を重ねるうちに、より具体的な形になっていきました。

最終的にまとめあげた人生計画書には、30歳で事務所、35歳で第2事務所、40歳で第3事務所……と続け、60歳で引退、70歳であの世行きとしました（当時の私には、長生きしたいという願望がなかったのです）。

事務所の拡大と並行して、組織の成長目標も具体的に描いていきました。新事務所立ち上げ後は社員を20名まで増やし、45歳になるころには45～50名、50歳までには90～100名体制にするという目標を立てました。

さらに、社員1人あたりの売上目標を1億円と設定。

20名体制で5億～20億円、45～50名体制で20億～50億円、そして90～100名体制では50億～100億円という具体的な売上目標も定めていったのです。

この本を読んでいる皆さまが人生計画書をつくる場合、ぜひ意識してほしいポイントがふたつあります。

ひとつは、**達成したい目標を5年ごとに設定する**こと。

10年ごとでは長期的過ぎて目標が漠然としてしまい、1年単位では視野が狭くなりがちです。そのため「5年」という期間が、具体的かつ達成可能な計画を立てるのにちょうどよいのです。


もうひとつは、**仕事と私生活を分けて考えようとしない**こと。

たとえば、大きな目標を立てるときには、その時期の子どもの年齢や家族の状況、生活リズムも考慮に入れる必要があります。

引退のタイミングも、老後どのような人生を送りたいのかという展望があってこそ決められるのです。


仕事上の目標と個人としての生き方、このふたつは切り離せないものだと私は考えています。

図1　人生の計画（ライフプラン）

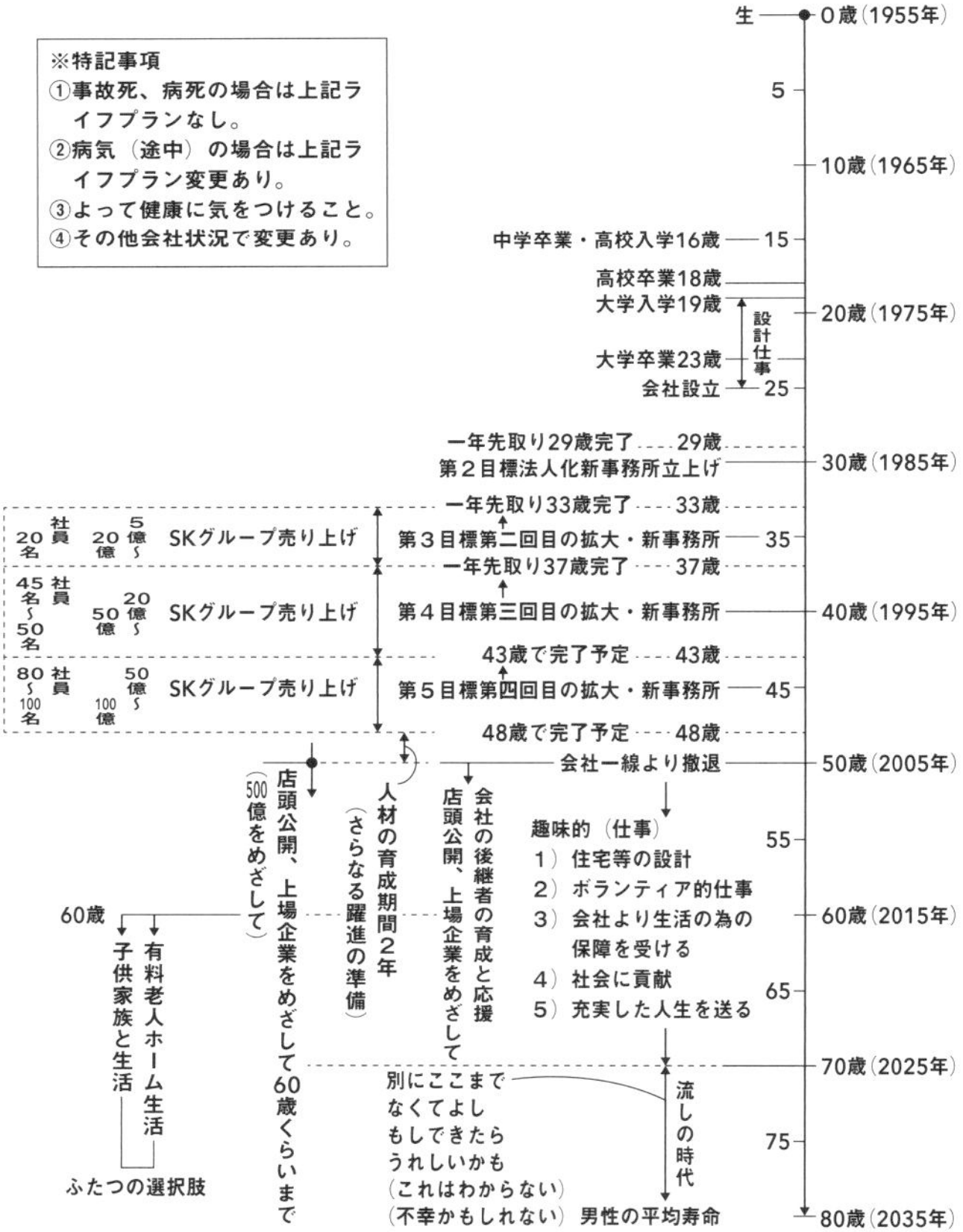

出典：著者作成

また、書き出す目標がなかなか見つからないという方には、**身近な先輩の姿を観察する**ことをおすすめします。「こんなふうになりたい」という具体的なイメージを描けると、計画が立てやすくなるためです。

なかには「あんなふうにはなりたくない」と思う先輩もいるかもしれませんが、そういう反面教師から学べることも意外と多いものです。なぜその人のようになりたくないのか。その理由を考えることで、自分が本当に目指すべき姿が見えてくるはずです。

この人生計画書を作ってから40年以上経った今、振り返ってみれば思い描いたとおりにいかないこともありました。

しかし、人生のなかで何を大切にし、どこに向かうのかという軸を明確に持ち続けることができたのは、若いころにこの計画書を作ったからこそだと思います。

日本の不動産業界における課題に直面

最初は個人事業主としてはじめた設計の仕事ですが、4年後の昭和59年7月には法人化し、株式会社菊地建築設計事務所としてのスタートを切りました。

さらに、当時としては大きな決断となる2000万円を投じて土地を購入し、新しい事務所も建設しました。

人生計画書には、30歳で法人化と新事務所設立と書いていましたが、当時の私の年齢は29歳。予定よりも1年先取りする形で目標を達成できました。

アパートの一室からはじめた事務所は、法人化を機に大きく様変わりしました。

単に事務所が広くなっただけではありません。社員を迎え入れ、組織として動きはじめたのです。一人で図面を引いていたころと比べ、受注できる仕事の量も質も大きく変わっていきました。

法人化から2年後の昭和61年には、千葉県沼南町（現柏市）に測量設計を行うフタバ測量設計事務所を設立しました。これにより５００㎡以上の土地開発案件にも対応ができるように。自社で測量部門を持つことで、より質の高い設計提案も可能になりました。

設計、工事、測量と、それぞれの専門性を持つ部門を独立させながらも、ひとつの案件に対してグループとして連携していく。この体制づくりは、後の「五方よし」の経営理念にもつながっていきます。

一見、私の事業は順風満帆に進んでいるように思えるかもしれません。しかし実際のところ、当時の私は現状のやり方ではすぐに会社の成長は止まってしまうと感じていました。

なぜなら、以前同じ設計事務所に勤めていた先輩が独立後、設計の仕事だけでは十分な収入を得られていない様子だったからです。

設計だけで思うように収益を上げられないのはなぜなのか。それは日本の建築業界が抱える根本的な問題が関係しています。**建築設計という知的労働の価値が、正当に評価されていない**のです。

建物を建てるには、設計図が必要です。

さらに、建蔽率や容積率の計算、建築基準法への適合性確認、土地の特性を活かした建物配置や、快適な暮らしのための間取りの工夫など、建築士の専門性が求められる場面は少なくありません。

それにもかかわらず、建物を建てるとき、施主さんの関心は工事費にばかり向きます。どんなによい設計でも、まず工事費の話になり、その費用のなかに設計料も含まれているものと思われてしまう。これでは設計の価値が正当に評価されるはずがありません。

それを表す典型的なエピソードがあります。

あるとき「この土地に建てられる建物の企画案を出してほしい」とお客様から依頼され、一週間かけて図面と概算見積もりを作成したことがあります。私たちは土地の形状や法規制を調べ、最適な建物のプランを練り上げました。ですが、結局その土地は売れ残り、労力は水の泡となってしまったのです。

このような企画提案の依頼は後を絶ちませんでした。成約すれば報酬が発生しますが、話が立ち消えになれば、完全なるタダ働き。まさに設計という知的財産が「消耗品」のように扱われている状況だったのです。

こうした状況下で、私は設計事務所の在り方そのものを見直す必要性を感じていました。

問題を逆手に取った新しいビジネスモデル

先にお伝えしたとおり、**建築業界では、設計事務所が提案する図面が無料で提供される傾向があります。**「建築を頼む気はない」と言いながらも、設計プランや資料があれば、お客様は喜んで受け取るもの。

しかしいざ見積もりとなると、受け取るハードルはグッと上がります。

そんな状況を、私は従来の発想を180度転換したアイデアで打開しました。

その打開策とは、**設計図面と収支計画を一体化させた事業計画書の作成**です。日本人の多くは「ソフト（設計費）はタダ」だと思い込んでいますが、実はソフトにかかるコストが一番高い。私はその認識のギャップを逆に活用することにしました。

たとえば、土地の有効活用策として、8階建ての集合住宅の建築を地主さんに提案するとします。その際、建物の設計内容はもちろんのこと「土地購入費」「建築工事費」「諸経費」「家賃」「利回り」が一目でわかるようなひとつの資料にまとめてお客様にお渡しするのです。

大手企業の資料は、往々にして複雑でわかりにくいものです。建物の構造や性能についての詳細な説明が何ページにもわたり、肝心の収支計画は複雑な表組みのなかに埋もれている。しかし、**オーナーが最も知りたいのは「いくら投資して、いくら儲かるのか」というシンプルな内容です。**

ある土地活用の相談では、最初の打ち合わせで私たちの事業計画書を見たオーナーに「これだけわかりやすい説明は初めてだ」と驚かれました。4000万円の投資で利回り11％というような具体的な数字を示すことで、多くのオーナーから「じゃあ、あなたに頼みましょう」という言葉をいただけるようになったのです。

建築士の仕事は、ただ図面を描くことではありません。**土地の特性を活かし、お客様の要望も伺いながら、投資価値の高い建物を提案すること。それこそが、私たち建築士の本来の役割**です。

この役割を果たしながら利益を上げるため、私は設計（ソフト）と建築（ハード）を組み合わせ、建物を建てることで設計料を適切に回収する仕組みを作り上げました。

設計図面と事業計画書を組み合わせるという新しい提案方法は、多くのお客様からご支持をいただくことができました。

それは、建築業界の常識にとらわれず、設計と経営の両面からお客様

図2　事業計画書例

概　　略	木造2階建共同住宅　2棟計画 1K 共同住宅　10戸　1棟 1K 共同住宅　12戸　1棟 駐車場：16台
土　　地 購 入 費	300坪×20万円 / 坪＝6,000万円
建　　築 工 事 費 （施工面積）	1）1K タイプ共同住宅　10戸 108.5坪×51万円 / 坪＝5,533万円 2）1K タイプ共同住宅　12戸 129.5坪×51万円 / 坪＝6,604万円 3）開発による造成工事　300坪 885万円」 建築工事費計　13,022万円
諸 経 費	1）上下水道工事 2）解体工事 3）負担金 4）開発設計・建築設計 5）諸経費 諸経費計　1,400万円
家　　賃	1）1K 72,000円 / 戸 × 22戸　158.4万円 / 月 2）駐車場 7,000円 / 台 × 16戸　11.2万円 / 月 3）管理費 3,000円 / 台 × 22戸　6.6万円 / 月 合計　176.2万円 / 月　2,114.4万円 / 年
利 回 り	※総事業費［土地＋工事費＋諸経費］20,422万円（消費税込） ※家賃（満室想定）2,114万円 / 年（管理費込） ※上記本事業利回り 2,114万円÷20.422万円＝10.35% ◆上記商品を下記で売却の場合 ケース①　利回り8% の商品として売却 2114万円 / 年 ÷ 8% ＝ 26.425万円 26.425万円（売却値）－ 20.422万円（原価）＝ 6.003万円（利益） ケース②　利回り7% の商品として売却 2114万円 / 年 ÷ 7% ＝ 30.200万円 30.200万円（売却値）－ 20.422万円（原価）＝ 9.778万円（利益） ケース③　利回り6% の商品として売却 2114万円 / 年 ÷ 6% ＝ 35.233万円 35.233万円（売却値）－ 20.422万円（原価）＝ 14.811万円（利益）

出典：著者作成

の課題解決に取り組んできた結果だったのかもしれません。

日本固有の課題への挑戦

このビジネスモデルを確立していく過程で、私はある疑問を持つようになりました。

なぜ日本では、建築設計の価値がこれほどまでに軽視されているのだろうか。その答えを探るうちに、私は日本の建築業界が抱える根本的な問題に行き当たりました。

ヨーロッパでは、歴史ある建物が大切に保存され、むしろ時を経るごとに価値を高めていくこともめずらしくありません。

たとえばパリでは、19世紀に建てられたアパルトマンが今でも高級住宅として人気を集めています。イギリスでは、築150年を超えるビクトリア様式のテラスハウスが、現代の生活様式にあわせて改装されながら、世代を超えて住み継がれています。**建物を単なる箱として捉えるのではなく、歴史的・文化的な資産として考えている**のです。

一方、日本の住宅の平均寿命はわずか30年程度。建物は新築時が最も価値が高く、その後は価値が下がっていくという考え方が一般的です。**つまり、土地の価値は維持されても、建物そのものは古くなればなるほど価値が下がる「消耗品」として扱われている**のです。

この考え方は、会計制度にも反映されており、建物は毎年一定率で価値が減っていくものとされ、減価償却法が採用されているため、建て替えるまで価値が上がることはないとされています。

このような制度や価値観が生まれた理由については、日本特有の事情が大きく関係しています。

ひとつは地震や台風が多く、高温多湿な気候という自然環境です。木造住宅の場合、維持管理コストが高額になることから、定期的な修繕メンテナンスを続けるよりも建て直すほうが経済的だという判断になりがちなのです。

もうひとつは、日本人の土地に対する考え方です。

欧米諸国では、人間関係を重視して建物を建てる傾向にあり、代々受け継がれる家族の住まいや、長年の取引関係のある店舗など、人とのつながりを大切にする「人間包囲性」の文化があります。

一方、日本では特に高度経済成長期以降、土地こそが価値の源泉だという「土地包囲性」の考え方が強まりました。土地さえ持っていれば、その上に建つ建物はいつでも建て替えられる。そんな価値観が定着していったのです。

こうした気候風土や文化から、建物を建築した後の手入れや改善にはなかなか関心が向きづらく、建物は新しいものに建て替えればよいという発想が強くなっています。

深刻なのは、この考え方が建築技術の継承を困難にしている点です。伝統的な建築技術を持つ職人の平均年齢は年々上昇し、後継者不足も深刻化しています。新築中心の市場では、長年の経験に裏付けられた技術よりも、工期の短縮やコストダウンが優先されがちだからです。

不動産業界においても、建築の設計の知識やノウハウが軽視されがちであることに、私は強い危機感を抱いています。

建物が「価値が下がることが当たり前の商品」として扱われ続ければ、

建築にかかわる職人や技術者の技術を育て、活かしていく機会が失われていくでしょう。すでに、左官や建具職人など、伝統的な職人技術の多くが消滅の危機に瀕している現状もあります。

私は、この負の連鎖を断ち切りたいと考えていました。**建物の価値を維持・向上させていくためには、優れた技術者や職人の存在が不可欠**です。

そのためには、まず彼らが技術を高め、継承していける環境を整備する必要があります。職人が誇りを持って働ける現場をつくり、その技術によって建物の価値を高めていく。そうすれば、土地所有者や入居者も恩恵を享受できます。それは最終的に、不動産業界全体の質の向上にもつながっていくはずです。

このように考えを深めていくなかで、気付いたことがあります。それは、**お客様だけでなく、技術者も、職人も、そして会社も、かかわる人全員にとってメリットがある仕組みを作る**こと。

それこそが、私が目指す経営の形であるということです。

第 2 章　建築士として生き残るために

第3章

「五方よし」の
ビジネスモデル
の確立

店舗開発から
はじまった
新しい挑戦

昭和50年代後半、私が起業したころの日本は、高度経済成長期を経て、流通革命の真っ只中にありました。スーパーマーケットやファストフード、専門店チェーンなど、さまざまな業態が全国に店舗網を広げていく時代です。

特に郊外では、自動車社会の到来とともに商業施設の形が大きく変わっていきました。それまでの商店街中心の買い物スタイルから、車で行ける郊外型の大型店舗へと消費者の行動が変化していったのです。当時、幹線道路沿いに広い駐車場を備えた店舗、いわゆるロードサイド店舗への需要は急速に高まりました。

地価の高騰が続く都心部に比べ、郊外では比較的手頃な価格で広い土地が確保できました。

しかし、農地の転用や建築基準法の規制など、店舗開発には専門的な知識が必要です。そのため「もてあましている土地を有効活用したい」という思いはあっても、どう進めればよいのかわからないという土地の所有者は少なくありませんでした。

そんななか、友人の紹介で大手カー用品チェーンの店舗開発担当者と知り合ったことが、会社にとっての大きな転機となりました。

当時、カー用品業界は急速な成長期にあり、各社が積極的な店舗展開を進めていました。その担当者が新店舗建設用の土地を探していたため、私は知り合いの地主を紹介し、自社で店舗設計を担当したのです。

この案件では1000万円ほどの利益が発生しただけでなく、遊休地を抱えていた地主には土地の有効活用の機会を提供でき、さらに土地を探していたテナント側からも感謝されました。

この経験を通じて、新たにふたつの気づきを得ることができました。

ひとつは、遊休地の有効活用という視点に立てば、設計だけではなく土地開発にかかわる仕事を創出できること。

もうひとつは、このアプローチによって地主、テナント、私たちの三者それぞれがメリットを享受できる「三方よし」のビジネスが自然と成立するということです。

私たちには、他社にない強みがありました。

それは、**地元農家とのつながりがあること、そして測量から設計、施工まで一貫して対応できる総合力**です。

特に、土地活用の提案では、土地所有者の立場に立って将来を見据えた計画を立てることができました。農家出身という背景は、土地活用に悩む地主の気持ちを理解するうえで何よりの財産となったのです。

店舗開発担当者は必ずしも地域の特性や土地活用の実務に詳しくないため、コンサルタントのような役割を果たすこともありました。「この場所は出店できない」「ここなら建てられる」といったアドバイスから、測量や登記簿の取得まで、土地活用に関することをトータルでサポートすると、お客様はとても喜んでくれました。

そんな仕事を続けているうちに、店舗開発担当者との人脈は急速に広がっていきました。店舗開発の世界は意外と狭く、担当者同士の横のつながりが強いのです。

大手カー用品チェーンでの実績が口コミで広がり「このあたりなら菊地さんに頼めば間違いない」と、大手外食チェーン、コンビニエンスストアなど、さまざまな企業の店舗開発担当者が相談に来るようになりました。

約40年前には、大手ハンバーガー店の千葉県第1号店の設計も手がけることができました。当時の大手ハンバーガー店は、日本でも知る人ぞ知る存在でしたが、千葉県にはまだ1店舗も出店していませんでした。そのため、この経験は、私たちの評価を大きく高めることになり、新たな取引にも発展していったのです。

農家の土地活用から生まれた「五方よし」のビジネス

これまでお話ししたような経験の積み重ねから、私は土地活用のビジネスモデルを確立していきました。

当初は地主、テナント、私たちの「三方よし」でしたが、事業を展開していくなかで、それだけでは不十分。工事を担う職人や、資金面を支える銀行の役割も私たちのビジネスにとっては欠かせない存在です。

図3　五方よしのビジネスモデル

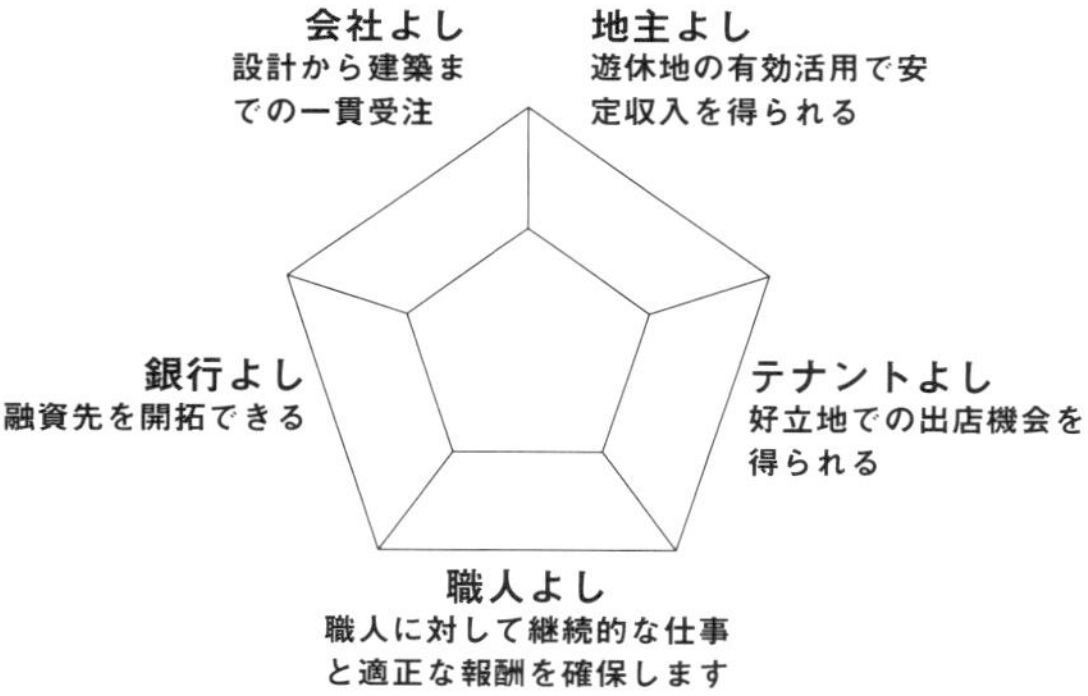

出典：著者作成

私たちのビジネスにかかわる関係者全員にメリットのある仕事がしたい。そんな考えから生まれたのが「五方よし」という考え方でした。

まず何より大切なのは「**地主よし**」です。

「先祖代々の土地をどうすべきか」「子どもたちの代になってどうなるのか」そういった不安や迷いを抱える地主さんは少なくありません。

土地を所有しているだけでは、相続問題や維持管理の負担に悩まされるばかり。そんな悩みの種となっている土地を店舗用地として活用できれば、安定した収入を確保できるようになり、生活にゆとりが生まれます。また、将来に対する漠然とした不安を抱える必要もなくなります。

次に「**テナントよし**」。

優良な立地を求めるテナント企業にとって、土地探しは大きな課題です。私たちは、そんなテナント企業の要望に合った土地を見つけ、出店しやすい条件を整えることで、WIN-WINの関係を築いています。

「**職人よし**」も重要な要素です。

建物の品質は、現場で働く職人の技術で決まります。そのため、職人が安心して働ける環境づくりは必要不可欠です。継続的な仕事の確保と適正な報酬の支払い。これが優れた技術を持つ職人との長期的な関係を築くための基礎となります。

そして「**銀行よし**」。

土地活用の案件を商品化することで、銀行は新たな融資先を開拓できます。低金利時代が続くなか、口座に長期間眠る預金を有効活用する機会を提供することは、銀行にとっても大きなメリットとなります。

最後に「**会社よし**」。

土地の調査から企画、設計、施工まで、一貫して対応できる体制を整えることで、私たちは適正な利益を確保できます。また、一つひとつの案件に丁寧に向き合うことでお客様の信頼を獲得できれば、それが次の仕事へとつながっていく。この好循環こそが、私たちの持続的な成長を支えていくのです。

建築協力金方式で実現する土地活用

この「五方よし」を実現するため、私たちは「**建築協力金方式**」を積極的に活用しています。

これは、**テナント企業が地主に建物の建設費用を無利息で貸し付け、その資金で地主が建物を建設し、テナントに賃貸する仕組み**です。

建設費用は毎月の家賃と相殺する形で返済していくため、地主は銀行

図4　建築協力金方式のプロセス

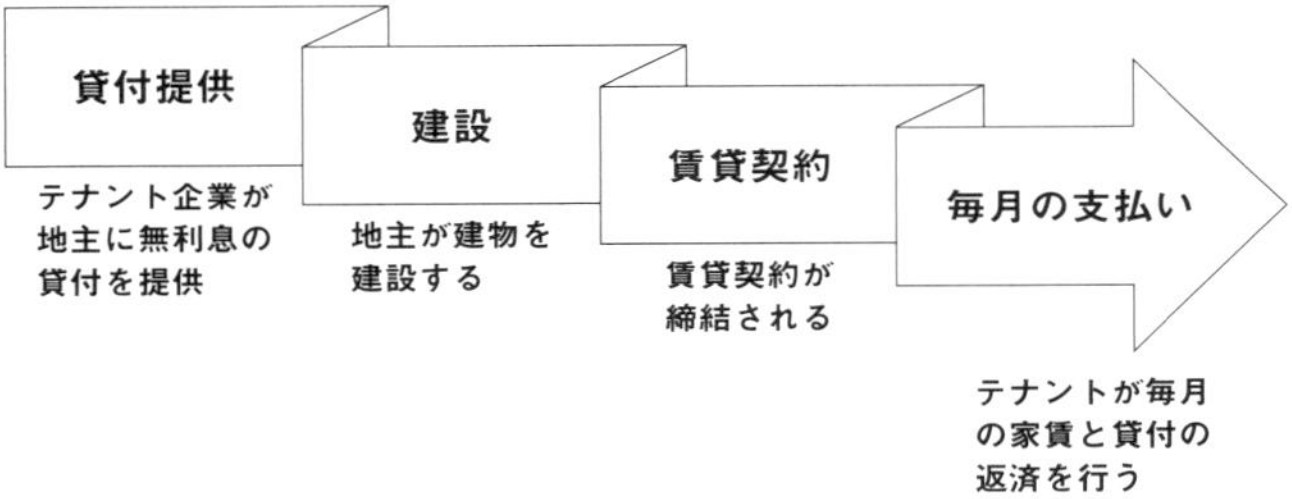

出典：著者作成

からの借入なしで土地活用ができます。テナント側も、店舗の間取りや設備など、自分たちの理想どおりの建物で商売をはじめられ、長期的な事業展開が可能になります。

また、万が一テナントが契約期間の途中で退去した場合、残りの建築協力金の返済義務が免除される点も地主側にとっては大きなメリットのひとつです。

建築協力金方式について、具体的な事例を挙げながらもう少し詳しく説明しましょう。たとえば、建築費が1億円程度必要な大型店舗の出店案件の場合、テナント企業がこの1億円を建築協力金として負担し、それを地主は15年間で返済していきます。

すると、月額家賃150万円のうち55万円が建築費の返済に充てられ、残りの95万円が地主の収入となります。初期費用として必要になるのは登記費用のみなので、銀行からの借入なしで土地活用をはじめられるというわけです。一方、大手ハウスメーカーの場合、建築費1億円の物件では1億5000万円を借り入れ、そのうち5000万円を地主が負担する方式が一般的です。

この方式の場合、地主は多額の自己資金を用意するか、銀行から借入をする必要があります。そのうえ、将来のテナント退去や賃料の下落といった事態が起きたとき、借入金の返済が経営を圧迫するリスクが高くなってしまいます。

いかがでしょうか。地主側の視点で考えたとき、きっと多くの方は建

図5　建築協力金方式による地主のメリット

出典：著者作成

築協力金方式にメリットを感じるかと思います。

私たちは、地主さんが大きな初期投資をすることなく、安定した収入を得られる建築協力金方式の利点を活かしながら、それぞれの土地に対して最適な活用方法を提案しているのです。

工事代金一括後払いで信頼関係を築く

もうひとつ、当社の特徴的な取り組みが、施主様から私たちへの建築工事代金を一括後払いにする決済方式を採用していることです。

一般的な建築工事では、施主様は建設会社に対して、契約時、工事中、完成時の3回に分けて支払いを行います。

一度に全額を支払う必要のない分割払い方式は、一見お客様にとってのメリットが大きいようにも感じられます。ただ、実際には分割払いに不安を感じるお客様も少なくありません。

その理由は、工事がはじまる前に施主様から大金を受け取った後、その**資金を持ち逃げする悪質な業者の被害に遭う可能性を懸念する**ためです。また、仮に工事途中で建設会社が倒産した場合、残された予算内で新たな業者に工事を完了させるのは難しくなります。

そこで私たちは、お客様に少しでも安心していただけるように、工事代金を最後に一括でお支払いいただくようにしました。

たとえば、4億4000万円の工事に着手する際は、利益を除いた約3億円を銀行から借り入れ、工事期間中はこの資金を元手に業者への支払いを行います。そして建物が完成したタイミングでお客様から工費の全額を受け取り、銀行への返済を行うのです。

このように、工事代金を一括後払いに設定することで、私たちはお客様の安心を確保しています。

前払いがなければ、持ち逃げや工事の質に対する不安が軽減されるのはもちろん、銀行が当社に融資をしているという事実から、お客様は私たちの信用力も確認できます。加えて、工事完了後に一括で支払えばよいため、支払い管理も簡単です。

また、このシステムは、工事にかかわる業者の保護にもつながります。一般的な前払い方式の場合、施主様からの支払いが予定どおり行われないと、業者への支払いが遅れるリスクがあります。

一方で私たちのやり方では、銀行からの融資で必要な工事資金を確保できているため、職人さんたちに迷惑をかけることなく、約束した期日にきちんと支払いができます。

このように一括後払い方式は、施主様、職人さん、そして私たち、三者にとってメリットのある仕組みなのです。

第 3 章　「五方よし」のビジネスモデルの確立

ニッチな市場で戦う理由

住宅作りには手を出さない

「なぜ注文住宅を手がけないのか」

地元密着型で建築の仕事をしていると、このような質問を受けることが少なくありません。当社が個人の住宅の設計を仕事にしない理由は明確で、住宅では真のWIN-WINの関係を築くことが難しいからです。

住宅建築は、どんなに努力してもクレームの対象になりやすい傾向があります。それは一般の住宅には、施主一人ひとりの夢や理想が詰まっているからです。

「寝室はもう少し広く」「キッチンはもっと明るく」「子ども部屋は将来を考えてふたつに分けられるように」。こうした要望の一つひとつに、その家族らしい暮らしへの思いが込められています。

しかし、すべての要望を叶えることが、必ずしも理想的な住まいを生み出すとは限りません。

たとえば、収納を増やしたいという要望に応えるうちに、肝心の居住スペースが窮屈になってしまったり、将来の可能性をすべて織り込もうとするあまり、現在の暮らしが不便になってしまったりすることも少なくありません。

もちろん、プロの視点から理想的な設計をアドバイスすることもできますが、強い思い入れを形にしながらも、実用的でバランスの取れた住まいの提案を行うことはそう簡単ではありません。

さらに、住宅建築の難しさは、**ブランド力が施主の満足度に大きく影響する**点にもあります。同じような家を建てても、一般の設計事務所が手がけた場合と大手ハウスメーカーが手がけた場合では、施主の評価に大きな差が生じてしまうのです。

実際、大手ハウスメーカーの住宅は、標準的な間取りに「この壁を取り払って広くしたい」「この部屋をもう少し大きく」「ここに収納を追加」といった個別の要望でさまざまな変更を加えることで、かえってバランスの悪い設計になることも少なくありません。それでも、ブランド力があるというだけで高い満足度を得られるのです。

これに対して、店舗開発の仕事には、投資効果や収益性という明確な判断基準があるため、感覚的な好みではなく数字で設計の評価がなされます。

そのため、私たちは**店舗開発を入口に、お客様との信頼関係を築く**ようにしています。

具体的には、まず地主のためにテナントを見つける仕事から関係性の構築をはじめます。テナントはそもそも収益を見込んでその場所に出店するため、地主は土地を貸すだけで安定した収入を得られるようになります。

次に、アパート建築に移ります。利回り10％程度になるような仕事をすれば、これもまた喜ばれます。

そして、地主さんに相続の問題が発生したときにはじめて、私たちはその土地を買い取って住宅を供給することを提案します。

この時点では、すでに長年の取引を通じて深い信頼関係が築かれており、その土地の価値も十分に理解できています。また、買い取った土地に建てる分譲住宅は、私たちの主導で企画・設計ができるため、個別の要望に振り回されることなく、理想的な住宅を供給することができるのです。

このように私たちは、注文住宅という難しい案件からはじめるのではなく、店舗開発、アパート建築、そして最後に分譲住宅という段階を踏んで、お客様との信頼関係を築いています。

建築の仕事で成功するためには、お客様に心から満足していただける方法を選ぶ必要があります。当社の強みを活かそうとした場合、投資効果や収益性という明確な基準で評価される仕事からはじめ、長年の信頼関係を築いたうえで住宅事業に進むという方法がベストな選択だったというわけです。

鎌ケ谷を拠点に選んだ戦略的理由

もうひとつ、私がよく投げかけられる疑問があります。それは、なぜ東京に進出せずに、鎌ケ谷を拠点としたビジネスを続けているのかというものです。

なかには「東京のような人口が集中している場所に行けば、もっと売上が伸びたかもしれないじゃないか」と言う人もいます。

鎌ケ谷で5〜6年を過ごし、地域のことを深く理解できるようになったときに、私はこの土地を拠点に事業を続けていく決心をしました。

東京に拠点を移すよりも、むしろひとつの地域に根を張り、そこで着実に実績を積み重ねていくことこそが、持続的な成長への近道になると確信していたからです。

私は営業圏を事務所から20キロ圏内と定めました。この範囲内には松戸、市川、船橋、八千代、我孫子といった人口密集地域が含まれており、約800万人という大きな市場が存在します。

このように商圏を限定したのは、建築業界ならではの理由があります。

機械化が難しいこの業界では、現場で働く技術者の腕が建物の質を大きく左右します。そのため、優秀な技術者との長期的な関係づくりが欠かせません。

現場との距離が近いからこそ、技術者とのコミュニケーションも密に取れ、品質の高い建物を提供し続けることができるのです。

また、私が鎌ケ谷を選んだ理由のひとつに、この地域特有の強みもありました。ここは都心に近く、不動産需要が確実にある一方で、大手デベロッパーなどはあまり参入してこない。その理由は、1件あたりの案件規模が比較的小さいからです。しかし、私たちのような地域密着型の企業にとって、むしろそれはチャンスでした。

さらに、農家出身である私には、この地域ならではのビジネスチャンスが見えていました。

秋田のような地方では二束三文でも買い手がつかない農地が、この地域では大きな可能性を秘めていたのです。都市近郊という立地を活かし、農地や市街化を抑制する地域として指定された場所を除けば、ほとんどの土地で商業開発が可能です。

最低でも300坪、理想的には500坪ほどの土地があれば、安定した収入を生み出せる店舗開発ができます。これは東京にはない大きな利点です。

鎌ケ谷に拠点を置いたからこそ、当社は土地取得コストを抑えながら、設計から工事までを手がける総合建築会社として存在感を示すことができたのです。

「五方よし」で築く地域との絆

このような地域密着型の経営を可能にしているのが先ほどご紹介した「五方よし」の考え方です。

この理念のもと、私たちは地域との長期的な信頼関係を築いてきました。実際、一人の地主さんと30年以上付き合うこともあり、祖父から父、そして孫の代まで関係が続くことも珍しくありません。ときには相続の相談に乗り、次世代の生活設計まで一緒に考えることもあります。

このように、地元の人々と世代を超えた関係を築くためには、まず地主さんの不安を一つひとつ解消していくことが重要です。

最も多い不安は「本当に安定した収入が得られるのか」ということ。

そこで私たちは、テナントを先に決めてから建物を建てる方式を採用しました。たとえば、4階建てのビルを建てる場合、全フロアの入居テナントを事前に決定してから建築をはじめます。

テナントが決まれば家賃が確定するため、お客様（地主）は安心して建築を任せてくださいます。「いくらで貸せるかわからない」「テナントが見つかるだろうか」という不安を、最初から取り除くことができるのです。

また、土地の規模や立地に応じて、段階的な開発を提案することもあります。

300坪ほどの敷地であれば、2棟のビル建設を計画的に進めていくことも可能です。最初に1棟を建て、25年後に銀行への返済が終わったら、もう1棟を建てる。

このように長期的な視点で土地活用を考えることで、リスクを抑えながら土地の価値を最大限に引き出すことができます。

これにより、地主さんには安定した収入を、テナントには好立地での出店機会を、地域には必要な店舗やサービスを提供できます。また、職人さんたちには継続的な仕事を確保でき、会社としても安定した収益を見込むことができます。

ひとつの案件から次の案件が生まれ、その過程で新たなニーズも見えてくる。この好循環が、私たちの成長を支えています。

地域密着型のビジネスを続けてきたなかで、特に印象的だったのは、私たちの提案を受け入れてくださった農家の方々の変化です。

当初は「先祖代々の土地だから」と土地活用に消極的だった方々も、成功事例を目の当たりにすることで、前向きに検討してくださるようになりました。

農地は、これまで農作物を育てる場所でしたが、建物を建てることで賃料という新しい形の収穫を生み出すことができる。そういった考え方が、少しずつ地域に浸透していったのです。

そして、ひとつの成功事例が地域に広がっていくことで、新たな相談も増えていきました。「隣の土地でも同じようなことができないか」「うちの土地でも何かできないか」という声をいただくようになったのです。

このように、地域のなかで信頼の輪が広がっていくことは、私たちにとって何よりうれしいことでした。

このアプローチこそが、私たちが55億円企業へと成長できた理由であり、これからも地域とともに発展していくための基礎となっていると考えています。

「五方よし」は単なる経営理念ではありません。それは、地域に根差し、地域とともに成長していくための具体的な実践なのです。

第4章

バブル崩壊の
危機を
乗り越えた
秘策

バブル崩壊による苦難

私が37歳のころからはじまったバブル経済は、39歳のときにピークを迎えました。

土地価格は毎年うなぎ上りに高騰し、不動産業界はかつてない活気に満ちていました。１９８０年代後半の日本は、まさに狂乱の時代。不動産投資に誰もが熱を上げ、土地さえ持っていれば、必ず儲かると信じられていました。

１９８５年から１９８９年にかけて、６大都市の地価は年平均24・４％も上昇。この時期、東京都の山手線内側の土地価格だけでアメリカ全土が買えるという算出結果が出るほど、日本の土地価格は高騰していたのです。

銀行は不動産投資に積極的で、土地を担保に次々と融資を行いました。土地の価格が上がれば担保価値も上がり、さらなる融資が可能になる。この循環が、地価の高騰に拍車をかけていったのです。

建築業界も活況を呈していました。建設需要は増える一方でしたが、職人の数は限られており、人手不足が深刻化。職人の日当は高騰し、鉄筋や生コンクリートなどの資材価格も上昇を続けました。

当社が1億円で契約を結んだ工事では、着工から完成までの間に材料費や人件費が上がり続け、完成時には1億3000万円もの支払いが必要になることもありました。

バブル崩壊で危機を迎えた建築業界

しかし、1990年代に入り状況は一変します。

1990年3月27日、バブル経済の過熱を抑えるため、海部内閣下の大蔵省は金融機関に対して**不動産融資の総量規制**を導入しました。これは不動産向け融資の伸び率を、貸し出し全体の伸び率以下に抑えるという行政指導で、1991年12月まで約1年9カ月続きました。

総量規制の影響は建築業界に大きな打撃を与えました。金融機関は融資証明書を発行しても実際の融資を行わない、あるいは建設工事の途中で融資を打ち切るなどの対応を取るようになったのです。それまで緩やかだった融資審査は一気に厳格化し、土地を担保にした借入が急に難しくなりました。

地価は1990年代初頭から下落傾向に転じ、その後長期にわたって続きました。この地価下落により、1990年代後半には日本の金融機関の不良債権総額は約80兆円にまで膨れ上がることになります。

下落は都心部からはじまり、やがて郊外へと波及。私たちの活動拠点である千葉県でも、地価の下落に見舞われたのです。

そして、建築業界特有の構造は、この苦境をより深刻なものにしていきました。

元請けから下請け、さらにその下の業者へと連なる重層的な構造のなかで、工事の契約金額は途中で変更することができません。

材料費や人件費が上昇しても、その分は建設会社が負担しなければならない。職人への賃金、材料商社への支払い、銀行への返済、すべてが待ったなしの状況でした。

工事の途中で資金が底をつく業者が相次ぎました。建設工事は一度はじめてしまうと、途中で止めることが簡単ではありません。それまでの

図6　建築協力金方式のプロセス

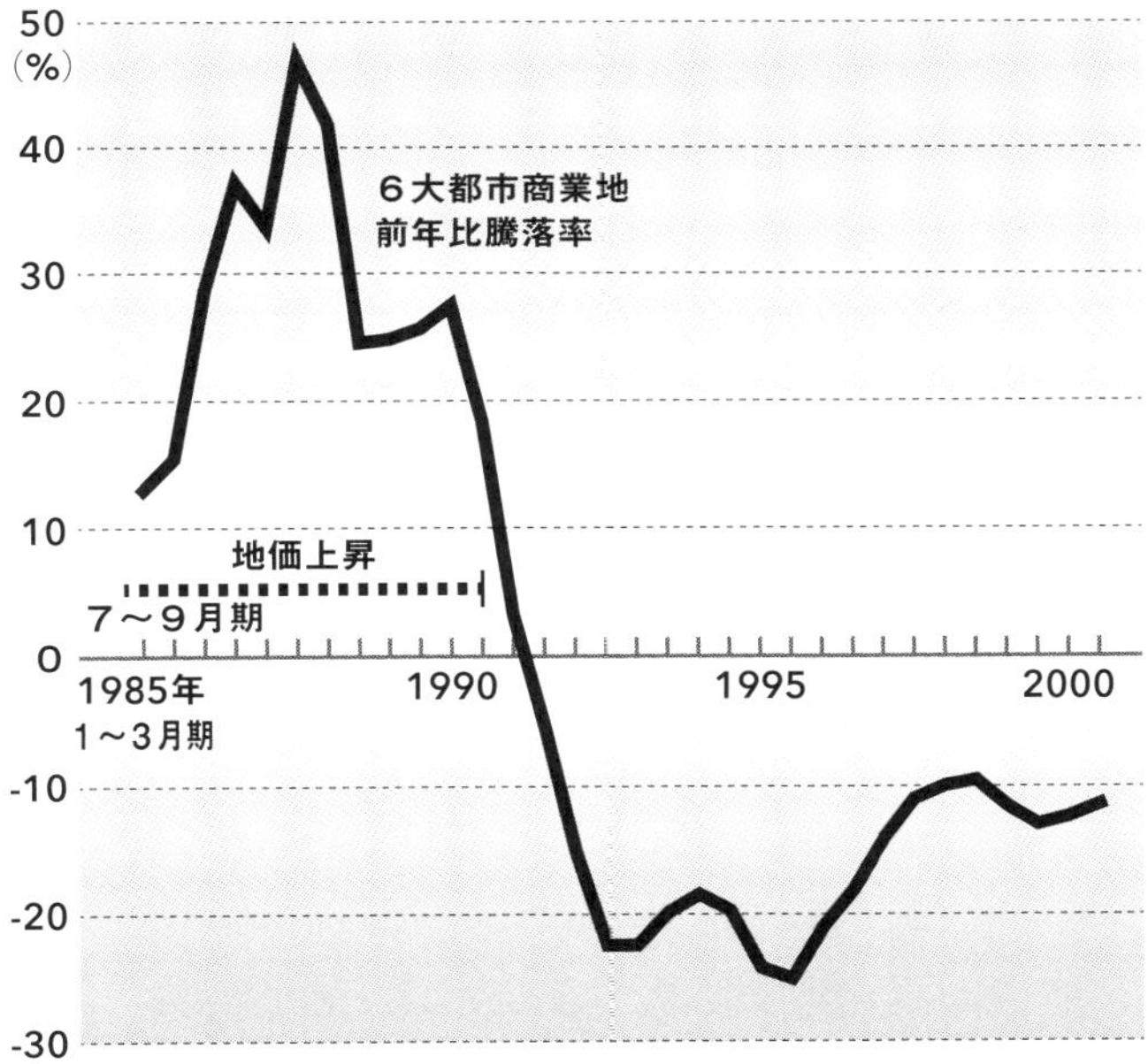

注：対象は、東京区部、横浜、名古屋、京都、大阪、神戸。
第3四半期の前年同期比騰落率
出典：日本不動産研究所、ドイツ証券のデータを基に著者作成

投資がすべて無駄になってしまうからです。かといって続ければ負債が膨らむ。この板挟みのなかで、多くの企業が行き詰まっていきました。

街のあちこちで、鉄骨だけが放置された未完成のビルが目立つようになっていきます。まるで工事現場の時計が突然止まってしまったかのような光景でした。

1社の破綻は連鎖的な影響を及ぼします。元請けが倒産すれば下請けや材料商社にも支払いが滞り、その影響で下請けも倒産し、さらにその下の業者も破綻していく。まさに、積み木崩しのような状況でした。

7億円の未払い金

このころ、銀行は「損切り」という言葉を使いはじめました。これは、価値が下がり続ける不動産を早めに売却して、損失を確定させる方針のことです。

土地を担保に融資を受けていた企業は、担保価値の下落により追加の担保を要求されるか、最悪の場合は融資の即時返済を迫られました。

昨日まで普通に営業していた会社が、翌日には姿を消している。経営破綻や自己破産に追い込まれる企業が続出し、バブル崩壊前に2万人台で推移していた自殺者数は急増。夜逃げのニュースが連日のように報じられ、「今日は誰が消えた」という噂が飛び交う。そんな異常な状況が、数年にわたって続いたのです。

私たちの会社でも、事態は深刻でした。

バブル期に契約した工事の予定原価は、実際の支出と大きく乖離していきました。鉄筋工事では見積もり時の1・5倍、基礎工事でも1・3

倍の支出を強いられることもありました。それでも工事を止めるわけにはいきません。

3年間で累積した7億円の未払い。これは、20件以上の工事における予定原価と実際支出の差が積み重なった結果でした。

当時は、コスト上昇分を契約金額に反映させることは難しく、その差額がそのまま建設会社の負担となっていたのです。

今から思えば、もっと早めに対策を取るべきでした。

しかし当時は、誰もがこの状況は一時的なものだと考えていました。不動産価格はいずれ回復する、工事の代金も何とか回収できる。そう信じて、目の前の工事を必死にこなしていたのです。

ただ、このまま続けても先は見えません。私は意を決して、長年付き合いのある顧問弁護士に相談に行きました。

弁護士は私の話を黙って聞いていました。未払いの総額、主な債権者、現在の仕事の状況。すべての説明が終わると、弁護士は深いため息をつきました。

「菊地さん、もう破産するしかねえわ」

その言葉は、私の心を深く突き刺しました。

弁護士は続けます。

「今の状態で債務整理しても、また同じことの繰り返しになる。いっそ、けじめをつけたほうがいい」

その瞬間、20人の社員とその家族の生活、地域の信頼、これまで築いてきたすべてのものが、目の前で音を立てて崩れていくような感覚でした。私には、もはや逃げ出す以外の選択肢は残されていないように思えました。

追い込まれたときに思い出したのは、母の言葉

私は那須にある別荘のマンションに逃げ込みました。

誰にも行き先を告げず、電話にも出ない。暗闇のなかでただベッドに横たわり、天井を見つめる以外のことができない。そんな状態が続きました。

頭のなかは真っ白でした。「破産は本当に避けられないのか？」「20人の社員の行く末は？」「地域の信用は？」、次々と浮かんでは消える不安と焦り。

当時、テレビでは連日のように経営者の自殺のニュースが報じられていました。借金を残して姿を消す人、家族に詫び状を残して命を絶つ人。暗い考えが私の頭をよぎりました。しかし一人でぼんやりとしているときに突然、母の言葉が蘇ってきたのです。

「犬や猫は自殺しないぞ」

子どものころから、母が口にしていたこの言葉。当時は深い意味もわからず聞き流していましたが、極限状態で、その言葉が突然、強く心に響いたのです。

母の言葉を思い出した瞬間、私のなかで何かが変わりました。

そうだ、犬や猫は自殺なんかしない。どんなに苦しくても、生きるために必死になって戦う。人間である私たちにそれができないはずがない。

自殺は、与えられた命に背く行為です。病気や事故は避けられない運命かもしれません。でも、自分で自分の可能性を断ち切るようなことだけは、絶対にしてはいけない。

母の言葉が教えてくれたのは、単に「生きろ」というメッセージだけではありませんでした。生きることは、ただ命をつなぐことではない。自分に与えられた命と可能性を最大限に活かすこと。それこそが、本当の意味で生きることなのだと。

母は、私がこんな状況に追い込まれることを予見していたわけではないでしょう。しかし、人生の岐路に立ったとき、どう判断すべきかの指針を、幼いころから言い聞かせてくれていたのです。

危機を乗り越えるために取った行動

再起に向けて決意を固めた私は、まず債務の全体像を整理することからはじめました。

手元の紙に、すべての債権者の名前と金額を書き出していきます。大きな取引先から小さな業者まで、およそ30社。金額はさまざまでしたが、どの負債も私たちにとって大切な取引先との信頼関係の証しでした。

7億円という負債を前に、私は冷静に計算してみました。10年で返済するとすれば、年間7000万円。月にすれば600万円弱です。決して簡単な金額ではありませんが、不可能な数字でもありません。

これから20年、30年と働ける40歳という若さがあれば、この借金は必ず返せる。そう考えると、少しずつ道が見えてきました。

大変なときこそ、余裕を見せる

まず、30社の取引先を1社ずつ訪問することにしました。弁護士に頼らず、自分の足で。なぜなら、地元密着で商売をしている私たちにとって、「弁護士に相談している」という噂が広がることは致命的だったからです。

債権者への通知が届けば、あっという間に地域全体に伝わり、取引先が一斉に不安にかられる。それだけは避けなければなりませんでした。取引先を訪れる際は、決して言い訳はしません。ただ、事実を率直に説明するのみです。

「もし私が破産すれば、借金はすべてチャラになります。しかし、私はまだ40歳です。これから20年、30年と働ける。そのなかで10年かけて、必ず全額を返済させていただきます。破産して債権を放棄していただくか、それとも10年かけて完済させていただくか。どちらを選ばれますか?」

この提案に対し、ほとんどの取引先が10年での完済を選んでくれました。破産されて債権が帳消しになるよりも、時間はかかっても全額を回収できる方がよいという判断だったのでしょう。

返済の約束をした以上、それを実現するための収益を確保しなければなりません。年間7000万円の返済を実現するには、相当な売上と利益が必要です。私は、次にこれまで手がけてきた物件のオーナーを訪問することにしました。

その際、最も心がけたのは、**決して弱音を吐かないこと**です。

経営者は苦しいときこそ、余裕を見せなければなりません。つらいときこそニコニコと、何の問題もないような表情で接する。その余裕は、自分のなかから生まれてくるものなのです。

「うちが潰れたら困るでしょう？」

オーナーを訪問する際、私はこう切り出しました。これまで手がけてきたアパートの管理を任されているからこそ、できる切り出し方です。実際、私たちが倒産すれば、建物の管理や入居者の対応など、あらゆる問題が発生します。

この率直な問いかけに、多くのオーナーが新たな仕事を任せてくれました。次々と仕事の話をいただき、2年間で約10億円の仕事を受注することができたのです。

利益を確保するために重ねた工夫

しかし、従来どおりのやり方で利益を出すことは難しい状況でした。社内の現場監督に工事を任せていては、予算管理が十分にできません。特に若手の監督は職人に舐められがちで、コストが膨らむリスクが高いのです。

そこで、私自身が設計から構造計算まで全部をチェックし、図面も描いたうえで、信頼できる建設会社に工事を発注することにしました。

1億円の工事なら、8000万円で外部の建設会社に発注し、2000万円の利益を確保する。図面や仕様書は私がすべてチェックし、予算管理も徹底しました。このやり方で、年間2億円の利益を生み出せるようになったのです。

厳しい状況のなかでも、私が最も重視したのは社員の雇用を守ることでした。当時、多くの建設会社が人員整理を進めるなか、私は社員たちに「絶対にクビは切らない」と約束しました。

ボーナスは減額せざるを得ませんでしたが、給与は下げませんでした。なぜなら、社員がいなければ会社の再建などできないからです。長年培ってきた技術やノウハウ、お客様との関係。それらはすべて社員一人ひとりのなかにあるのです。

社員たちには「絶対大丈夫、必ず会社を守る」と約束し、その思いを、具体的な行動で示し続けることが必要でした。

同時に、お客様との関係づくりも大切にしました。私が設計から構造計算までチェックし、外部発注によって効率的に工事を進める。この体制によって、社員は本来の営業活動や顧客対応に専念できるようになりました。

このような取り組みの結果、社員たちも必死に頑張ってくれました。むしろ、この苦難を乗り越えることで、会社としての一体感が強まっていったように思います。

外部発注による工事の効率化と、社員との強い信頼関係。この両輪があったからこそ、**7億円の負債を3年で完済することができた**のです。社員を守り抜いた経営判断は、正しかったと確信しています。

会社の空気を変えた、早朝の掃除週間

会社の立て直しに奔走していた当時、私には毎朝の日課がありました。それは娘の学校への送り迎えです。小学6年生の娘が私立の中学校に合格し、当時荒れていた地元の学校を避けて都内の女子校に進学させることにしたのです。

私立の学費を考えると、会社の再建は待ったなし。仕事に全力を注ぐべきタイミングでしたが、それでも娘の教育だけは絶対に支えたいと思っていました。

都内の学校まで電車で1時間半の通学距離。娘が少しでも楽になるよう、私は毎朝、自宅から市川駅まで車で送り届けました。道のりは車でも1時間30分ほど。朝6時半から7時頃に駅に着くように家を出ます。車のなかであれば、娘はまだ眠ることができます。私にとってはたったひとりの娘でしたから、送り迎えは私にとっても大切な時間でした。

そして、この送り迎えが思わぬ気づきをもたらしました。

ある日、娘を駅で見送った後、誰もいない早朝の会社に向かった私は、ふと思い立って掃除をはじめました。最初は玄関周りだけでしたが、次第に範囲を広げ、会社の外周りまで丁寧に掃除するようになりました。

不思議なもので、朝から掃除をすると気持ちがスッキリします。汚れを取り除くたびに、心のなかの曇りも晴れていくような感覚がありました。もともと几帳面な性格だったこともあり、掃除をしないと落ち着かない習慣が身についていきました。床を磨き、窓を拭き、外周りを掃く。その作業のなかで、一日の段取りを整理する時間も生まれました。

この行動のきっかけは、イエローハットの創業者である鍵山秀三郎氏の話でした。テナント開発の仕事でお世話になっていた方から聞いた話によると、鍵山氏は1961年の創業時から、毎朝誰よりも早く出社してトイレ掃除をはじめたそうです。

当時は高度経済成長期。社員の心が荒れ、目先の利益だけを追う風潮が強まっていた時代でした。そんななかで鍵山氏は、社員に命令するのではなく、まず自らが率先して掃除をはじめたといいます。

最初の10年間は誰も手伝おうとはせず、「掃除なんかしてもムダだ」と陰で批判する声もあったといいます。しかし、その姿勢を20年近く貫き通すことで、次第に社員たちも自主的に掃除をはじめるようになり、やがてそれが会社の文化として定着していったそうです。

後に知ったことですが、ファミリーレストランのサイゼリヤの経営者も、同じように掃除を実践して会社を成長させていったそうです。

社員が嫌がる仕事を、経営者自らが率先して行う。

最初は会社の役員から「社長、掃除なんかしないでください」と言われました。しかし、そうした声が上がること自体、実は良い兆候でした。

社員が経営者を気遣ってくれているということですから。

私はこの掃除に、ある種のコツを見出しました。朝早く来て掃除をはじめ、半年ほど続けると、社員も自然と早く来て手伝うようになり、会社の雰囲気も変わっていきます。ただし、10年も続けると今度は「嫌がらせではないか」と思われかねないので、どこかで一旦やめる。そして、また景気が悪くなってきたと感じたら掃除を再開する。およそ半年ほど続ければ、不思議と会社が持ち直してくるのです。

この習慣は、後のリーマン・ショックの時期にも実践しました。**掃除をはじめると、まるで魔法のように会社の空気が変わっていく**。それは、経営者の意識が行動として、目に見える形で表れるからなのかもしれません。

五方よしの真価が
問われたとき

この掃除の経験を通じて、私はあらためて大切なことに気づきました。それは、すべては自分の責任であるということです。

会社が傾いたのは、国のせいでも、景気のせいでもありません。すべて経営者である自分の能力不足が原因です。だからこそ、自分の行動を改善していく以外に道はないのです。

これは社員教育にも通じることでした。

外部から講師を呼んで研修を行っても、「社長の代わりに言わされているだけ」と思われかねません。経営者自らが、率先して行動で示す。そうでなければ、本当の意味での社員教育にはならないのです。

取引先との関係でも同じです。銀行との付き合いにおいて、私は支店長との面談よりも、実際に動いている担当者とのコミュニケーションを重視してきました。支店長は管理職で実務を担当していませんから、現場で動く担当者との関係づくりこそ重視するべきです。

このように、**経営者が自ら範を示し、現場を大切にする**。そんな姿勢があってこそ、社員も同じように行動してくれるようになります。それは単なる理屈や理論ではなく、具体的な行動として示されなければならないのです。

バブル崩壊の危機が教えてくれたこと

バブル崩壊という危機は、私たちの経営理念「五方よし」の真価が問われる出来事でもありました。**日頃からすべての関係者の利益を考え、信頼関係を築いてきたからこそ、この危機を乗り越えることができた**のです。

これまで築いてきた地主との信頼関係があったからこそ、窮地に立たされた時も新たな仕事をいただくことができました。また、取引先との関係も、普段から心がけていた誠実な対応が功を奏し、10年での分割払いという提案に応じていただけました。銀行も、地域に根差した企業として築いてきた信用を評価し、支援の手を差し伸べてくれました。

社員との信頼関係も然りです。バブル崩壊後、多くの企業が人員整理を進めるなか、私たちは給与を下げず、雇用を守り通しました。それは「五方よし」の理念に基づく当然の判断でした。この決断は、その後の会社の成長を支える大きな力となりました。

外部の建設会社との関係も「五方よし」の実践そのものでした。彼らにも適切な利益が出るよう配慮することで、私たちも安定した工事体制を築くことができました。

このように、すべての関係者の利益を考え、バランスを取りながら経営を進める。それは決して容易なことではありませんでした。しかし、この経験を通じて、あらためて「五方よし」の重要性を実感することになったのです。

短期的な利益を追求するのではなく、長期的な信頼関係を築いていく。目先の利益のために、誰かを切り捨てたりしない。そういった経営姿勢を貫いてきたからこそ、危機的状況でも周囲の協力を得ることができたのだと思います。

バブル崩壊後、多くの建設会社が夜逃げや倒産に追い込まれました。しかし、私たちは生き残ることができました。それは単なる幸運ではありません。**地域に根差し、関係者全員の利益を考えた経営を続けてきた**

結果なのです。

「五方よし」は、順風満帆なときだけの理想論ではありません。むしろ、厳しい状況だからこそ、その真価が問われる。この危機を乗り越えられたことで、私はそう確信するようになりました。

第5章

五方よしが
導く未来

建築士から経営者へ

私は、建築士の仕事がクリエイティブな職業であるがゆえの難しさに、設計事務所でアルバイトをしながら夜間部に通っていた19歳のころから気づいていました。

年齢を重ねれば重ねるほど、感性はどうしても若い世代から離れていくものです。その上、経験を重ねても仕事の効率は必ずしも上がっていきません。むしろコストは上がり、スピードは落ちていく一方。これは**個人の創造性に依存する仕事の宿命**ともいえます。

特に住宅の設計では、この課題が顕著です。マイホームを建てるお客様で最も多いのが30代の方。自身の家族を持ち、将来を見据えた住まいづくりを考える世代です。歳を重ねるにつれて、クライアントとの感覚の違いが広がっていくことは避けられず、年配の世代では、若い世代の生活感覚を完全に理解することはどうしても難しくなってしまいます。

さらに、自らの会社を持つ場合は、経営者としての役割や人間関係の維持にも時間を取られるようになり、純粋な設計業務に集中できる時間も減っていきます。

だからこそ私は、すでに第2章でお話ししたとおり、30歳で法人化を決意し、若い社員と共に成長できる体制を整えました。

そして、自分自身は次第に設計の第一線から退き、経営者としての役割に重点を置くようになりました。

ただし、経営者になったからといって、建築士としての創造性を完全に手放すわけではありません。

むしろ、その感性を事業に活かす新しい方法を見出しました。それが、これからお話しする自社による不動産開発という戦略です。

趣味と実益を兼ねた物件開発

多くの会社は自社の強みを、活かしきれないまま経営難に陥りますが、それは往々にして経営戦略の誤りに起因していると感じます。

第3章でお話ししたとおり、私たちは土地所有者の方々に店舗やアパートの建設を提案し、テナントを見つけ、建築から管理までを一貫して行うビジネスモデルを確立してきました。その過程では、年間10%以上の利回りを実現できる優良案件も数多く手がけてきました。

そこで考えたのです。このノウハウを活かせば、土地所有者の方々だけでなく、私たち自身が土地を取得して開発することも可能ではないか。設計から管理までの一貫体制という強みを持つからこそ、新しい価値を生み出せるのではないか。

その発想からはじまった自社開発では、これまでにない視点での物件づくりを心がけました。**ただ建物を建てるのではなく「どんな暮らしを実現したいのか」という観点から発想を広げていった**のです。

たとえば、車やバイクが大好きな単身の方に向けて15年前から手がけているガレージハウスは、その好例です。

私自身、バイク好きとして、趣味を楽しむ暮らしの大切さを知っています。ただ、都会の賃貸物件では、バイクや車を持つこと自体が贅沢になってしまう。そんな都心部の方々の悩みを解決したいと考えたのです。

1階が車庫で、上がホビールームになったワンルーム。ロフトも備え、当時の家賃は9万5000円。東京で同じような暮らしをしようとすれば、ワンルーム8万～9万円に駐車場2万～3万円程度が必要です。しかも、私たちの物件なら建物内に大切な愛車を置けるという付加価値つきです。工業団地近くに建設したこの物件は、独身の方々から大きな支持を得ることができました。

仕事から帰ってきて、ガレージで愛車を眺めながら缶ビールを開ける。土曜日にはどこに出かけようかと、バイクのメンテナンスをしながら週末の計画を立てる。バイク好きとして、そんな暮らしの魅力を知っていたからこそ、同じ趣味を持つ方々の共感を得られたのだと考えています。

また、当社ではランドリールーム付きのアパートも手がけています。ベランダの一角を三方ガラスの室内空間として整備し、そこに洗濯機を設置することで、天候を気にせず洗濯物が干せる環境を実現しました。最近では、部屋干し用の洗剤のCMをよく目にするようになりました。しかし、そもそも日当たりのよい場所で洗濯物を干せれば、生乾き臭の心配など必要ありません。発想を転換して、ベランダを有効活用すればよいだけの話なのです。

こうした工夫は、実はとてもシンプルなアイデアです。しかし大手企業は、市場規模の小ささを理由に、なかなかこうしたニッチな商品に取り組もうとしません。

また、ハウスメーカーの設計部門は、コスト削減のために定められた標準仕様の範囲内でしか設計できないという事情もあります。

一方、私たちは自社物件だからこそ、入居者の暮らしを豊かにするアイデアを自由に形にできるのです。

ニッチな市場で成功するためのコツ

ニッチな市場で成功するために、私たちは独自のアプローチを取っています。

それは、まず**自分で体験してみる**ことです。私は、まず自分が実際に使ってみて「これだけの家賃を払ってでも住みたいと思える」「この設備があれば、確実に生活の質が上がる」という入居者目線での確信が持てた商品だけを開発するようにしています。

この考え方は、かつて当社の社用車を担当していた日産のセールスマンから学びました。

彼は新型車が出るたびに自ら購入し、その車で営業活動を行っていました。自分が使っている商品だからこそ、そのよさも課題も具体的に説明できる。私は、そんな彼の姿を見て、「なるほど、これだ」と目から鱗が落ちる思いでした。

私たちのビジネスの場合、実際の暮らしのなかで感じる不便や工夫、そこから得られるアイデアこそが、新しい商品開発の原点となります。先ほどご紹介したガレージハウスもランドリールーム付きアパートも、まさにそうして生まれた商品でした。

大手企業が見過ごしがちな小さなニーズでも、使う人の立場に立って丁寧に向き合えば、必ず価値ある商品に育てることができます。

ニッチ市場で成功するコツは、自分自身が本当にいいと思える商品をつくることなのです。

不動産管理を自社で行うメリット

私たちの物件は、常に入居率98％というほぼ満室状態を維持しています。この高い入居率は、20年以上前に物件管理を自社で行う決断をしたことで実現できました。

かくいう当社も、以前は物件管理を外部の不動産会社に任せていました。しかし、入居者が見つからないと「物件に魅力がない」と建築の責任にされました。設計から建設まで丁寧に作り込んだ物件の価値が、管理会社の営業方針で左右されてしまうのは納得がいきません。

そこで、私たちは自社で不動産管理部門を立ち上げて、入居される方の立場に立った運営を心がけました。

その一例が、敷金・礼金なしのシステムです。

一般的な賃貸物件では、入居時に敷金2カ月、礼金2カ月、事務手数料1カ月、前家賃1カ月と、合計6カ月分もの費用が必要です。

しかし、私たちの手がける物件は前家賃1カ月と事務手数料2カ月のみ。その代わり、退去時には部屋の傷みに応じた修繕費用を実費でいただく方式を採用しています。これにより、入居者の初期費用の負担を最小限に抑えることに成功しました。

畳1枚いくら、壁紙1㎡いくらと、明確な定価表に基づいて修繕費用を請求することで、入居者の方々も自然と部屋を丁寧に使うようになります。これは単に修繕費用を抑えるために行っていることではなく、入居者の方々と一緒に物件の価値を守っていく取り組みなのです。

建設の質を支える仕組みづくり

昨今、建築業界全体で職人不足が深刻化しています。

その背景には、工期の短縮やコストの削減を極限まで追求してきた業界の体質があります。

特に、元請けから下請けへと仕事が次々と委託される業界の構造では、発注者からの要求が現場の職人さんの待遇に影響を与えます。

工期を短縮すれば、休日を返上して働かざるを得なくなる。コストを削減すれば、賃金は下がっていく。こうした労働環境の厳しさから、若い世代の参入は減少し、職人の高齢化も進んでいます。

その結果、技術の継承が難しくなり、建物の品質にも影響が出てきているのです。

しかし、建物の品質は職人さんの技術で決まるといっても過言ではありません。いくらよい設計図を描いても、それを形にできる職人さんがいなければ意味がないからです。私たちが提案している物件の価値も、最終的には職人さんの腕に委ねられているのです。

適切な工期と報酬を確保できる体制を整えた自社開発物件への取り組みは、職人不足という深刻な問題の打開策にもなると私は信じています。実際に、年間20億円規模の建設を安定的に行うことで、職人さんには継続的な仕事を提供できる体制も整いました。

こうした取り組みを支えているのが銀行からの融資です。現在、当社では地元の地銀3行から、それぞれ5億〜10億円という融資枠を設定していただいています。個人顧客の多くがネットバンキングに移行するなか、私たちのような事業者への融資は銀行にとって重要な資金運用の手段となっています。

建設の質を高め、職人さんが誇りを持って働ける環境をつくる。そのためには、適切な工期と報酬を確保できる事業の仕組みが必要です。私たちは自社開発を含むさまざまな取り組みを通じてその仕組みを作り上げ、銀行からの支援も得ながら実践を重ねています。これもまた「五方よし」の理念が具体的な形となった例といえるでしょう。

「寝た子を起こす」新たな挑戦

銀行との関係は、近年面白い展開を見せています。

千葉の地銀3行とはじめた「寝た子を起こすプロジェクト」は、その名のとおり、銀行に眠っている案件を活性化させる取り組みです。

各支店には、不良債権になっている物件や、お客様が持て余している遊休地、空き家の相談が数多く寄せられています。しかし銀行は、それをどう活用すればいいのか具体的な提案ができない。

そこで私たちが、これらの案件を利回りのよい投資商品に作り変えていこうと考えたのです。

案件の規模は、工事費でいうとだいたい10億円くらいまでの案件が中心です。この規模だと大手企業はあまり興味を示しません。しかし私たちには、プランを作って、利回りを確定させて、建てて、入居者を見つけて、その後の管理までできる体制が整っているため、小回りの利いた対応が可能です。

このプロジェクトの特徴は、かかわるすべての人に価値を生み出せることです。銀行は新しい融資先が見つかり、遊休地を持っていた方は土地を活用できる。私たちは設計と建築の仕事ができて、協力業者さんにも仕事が回せる。そして最後に、よい物件を手に入れた購入者と、快適に暮らせる入居者がいる。

まさに「五方よし」の考え方そのものを、これまでになかった形で実現できています。眠っている資産を掘り起こして、みんなが喜べる形に変えていく。そんな新しい挑戦をはじめているのです。

図7　五方よし」の考え方

出典:著者作成

人生の危機が導いた新たな決断

私は若いころから5年先、10年先を見据えて経営計画を立て、実行してきました。しかし、いつか自分が社長という立場を離れた後のことまでは、具体的に考えてはいませんでした。私にとって経営とは、まさに人生そのものだったからです。

そんな私が会社の今後について本格的に考えるようになったきっかけは、病に倒れたことでした。

64歳のとき、私は突然の心筋梗塞で倒れ、1週間意識不明の重体となりました。松戸市内の病院に救急搬送され、文字どおり命からがら一命を取り留めました。

目が覚めたとき、私は柔道着に付ける帯のように太い紐で病室のベッドに拘束されていました。後で聞いた話では、意識が戻る過程で暴れたため、このようにしたそうです。きっと状況が飲み込めず、混乱した精神状態だったのでしょう。

この経験は、私の人生観を大きく変えるきっかけとなりました。酒とタバコは完全に断ち、毎日の筋トレを欠かさない生活に切り替えました。そして何より、会社の未来について真剣に考えるようになったのです。

次世代に向けた事業承継への挑戦

私は退院後すぐに、銀行の紹介でM&A仲介会社に相談しました。査定では、キャッシュフローだけで15億円、不動産資産は55億円近い評価を受けました。知り合いの会社からも買収の打診があり、一時は売却も考えました。

事業売却という選択肢は、建築業界ではめずらしくありません。特に不動産資産を持つ会社の場合、M&Aによって企業価値を現金化できるメリットは大きい。また、後継者不在の課題を一気に解決できる手段としても注目されています。

しかし、検討を進めるうちに違和感が強くなってきました。

まず、**企業文化の違いから、買収後に従業員の待遇が変わること**は避けられません。私たちの会社では、社員の給与を「年齢＋配偶者＋子ども＋資格」で計算しています。30歳で結婚して子ども二人、資格ひとつなら、基本給30万円。ボーナスを含めると年収600万円が最低ラインです。M&Aでは、このような待遇は維持できないでしょう。

また、仮に15億円で会社を売却したとして、65歳から80歳まで生きたとすると、単純計算で年間1億円使わなければ持て余してしまうことになります。使い切ろうとするには、金額があまりにも大きい。**使い道のないお金を受け取るくらいならば、社員たちと築いてきた「五方よし」の経営を次世代に引き継ぐほうが、はるかに意義がある**と感じました。

そこで私は、事業と資産を分離する承継方法を選択することにしました。まず、持株会社SKコンサルタントを設立し、相続人に90％の株式を継承。不動産資産を段階的にシフトすることで、相続対策を進めています。

この方法の利点は、事業と資産を切り離すことで、それぞれに最適な承継方法を選べることです。

不動産資産は相続税対策を重視した承継を行い、事業は社員への承継を進める。これにより、**相続問題に足を引っ張られることなく、純粋に**

事業としての発展を考えることができます。

そのため、事業存続会社の菊地設計に監督や技術者を移動させ、所有不動産と不動産管理は菊地建築設計事務所と地建工業に残して家賃収入を確保。相続税がかかる駅前などの評価額の高い物件はすべてSKコンサルタントにシフトしていく計画です。

このように**事業・相続・現金の三本立てで整理することで、純粋に事業承継に注力できる体制を整えました**。社員に会社を譲り、「五方よし」の経営を次世代に引き継ぐ。私が75歳になるまでにこの計画を完了させる予定です。

計画を進めていくため、健康管理にはいっそう気を配っています。これは、単なる個人の健康維持ではなく、会社の未来を守るための重要な投資なのです。

「五方よし」を次世代へ

バブル崩壊を乗り越え、私たちはさまざまな挑戦を重ねてきました。そこで常に頼りにしてきたのが「五方よし」という考え方です。机上の理論ではなく、実際の商売のなかで培ってきた知恵。それが「五方よし」なのです。

これからの時代、私たちは新たな課題に直面するでしょう。人口減少、デジタル化、環境問題など、私たちを取り巻く環境は大きく変化しています。

そんななかでも、**人と人との信頼関係に基づく、持続可能なビジネスモデルである「五方よし」の考え方は、普遍的な価値を持ち続ける**と確信しています。

これからも私たちは、地域に根差し、すべての関係者にとって価値のある仕事を追求していきます。そして、その精神を次世代へと引き継いでいく。それが、この会社を育ててくれた多くの方々への恩返しになると信じています。

おわりに

本書では、私が歩んできた道のりについてお話ししてきました。創業時の決意から、バブル崩壊という危機的状況、そして現在の事業承継への取り組みまで。その歩みをあらためて振り返ってみると、いつも道しるべとなってきたのが「五方よし」という考え方でした。

「五方よし」の実現には、日々の判断の積み重ねが欠かせません。そのなかでも特に重要なのが「どのような仕事に取り組むか」という選択を誤らないことです。

「五方よし」に関する講演をするなかで、私がよく申し上げるのが「よい仕事を選ぶ」ということです。

「よい仕事」とは、自分に自信を持って取り組める仕事のことです。自分が自信を持てない仕事は、社員にもよい影響を与えることはできません。だからこそ私は、たとえ目の前に利益があっても、自信を持てない仕事は受けないようにしてきました。

生きている限り、多くの人は一生働き続けることになります。だとすると、楽しみながら働かなければもったいないと思いませんか?

私がそう考えるようになったのは、建築の仕事に携わってからでした。単に設計図を引くのではなく、そこに暮らす人の幸せを思い描きながら物件を考える。それを実際の建物として形にし、入居者の方々に喜んでもらえたときの達成感は何物にも代えがたいものです。

そして、その達成感は私一人のものではなく、建物が完成するまでにかかわったすべての人との共有財産となり、次の仕事への原動力になっていったのです。

さて、先ほどもお伝えしたとおり、人生の大半は仕事をする時間で占められています。

だからこそ私は、限られた時間をいかに有意義に使うかを考えてきました。誰にでも等しく与えられた時間。そのなかで、自分は何を成し遂げたいのか。その目標から逆算して、今何をすべきかを考えるのが私なりの生き方だったのです。

この人生観は、実は子どものころから抱いていたものです。私は中学生のころから、自分の進む道について考え続けてきました。

今の若い人たちは、大学に入ってから「何をしたいか」を考えはじめる人も多いようです。しかし、個人的にはそれでは遅いと考えています。目標を見つけ、そこから逆算して生きていくためには、より長い時間が必要だからです。

人生は長いと言いますが、だからこそ早くから目標を持ち、それを継続していくことが大切です。あれこれと目移りするのではなく、ひとつの道を真摯に歩み続ける。それが結果として、大きな力となって戻ってくるのです。

64歳で心筋梗塞に倒れ、1週間の意識不明を経験したことで、私は残された時間の大切さをより一層実感することになりました。同時に、自分に与えられた時間のなかでやり遂げなければならないことを、より明確に意識するようになったのです。

そのなかでも最も重要な課題が事業承継の準備です。私がこの世を去った後も、「五方よし」の精神は確実に引き継がれていかなければなりません。そのために今、できる限りのことをしておく。それが私に残された使命だと感じています。

この「五方よし」という考え方は、決して特別なものではありません。関係者全員が価値を分かち合える関係を築く。私はそんな当たり前のことを、愚直に実践してきただけなのです。

本書を通じて、この「五方よし」という考え方の本質と、その大切さをご理解いただけたなら幸いです。

最後になりましたが、本書の執筆にあたり、多くの方々にご協力いただきました。この場を借りて心より御礼申し上げます。そして本書を手に取ってくださった読者の皆さま、最後までお読みいただき、ありがとうございました。

２０２５年４月　菊地里志

菊地里志（きくち・さとし）
SKグループ　代表
1955年、秋田県生まれ。工学院大学在学中に、長谷川建築設計事務所でアルバイトとして設計を学ぶ。卒業後、鎌ケ谷巧業株式会社に入社し、経験を積んだのちに退社。25歳で独立し、千葉県鎌ケ谷市に菊地建築設計事務所を設立。1年後に地建工業を、さらに5年後にはフタバ測量設計事務所を創業。その後も事業を拡大し、現在は合計7社をグループ化した「SKグループ」の代表を務める。「五方よし」のビジネスモデルを確立し、地域密着型の経営を実践している。

五方《ごほう》よしの経営《けいえい》
新《あら》たな発想《はっそう》で高《たか》い付加価値《ふかかち》をつくる

2025年4月30日　第1刷発行

著者　**菊地里志《きくちさとし》**
発行者　寺田俊治
発行所　**株式会社 日刊現代**
東京都中央区新川1-3-17　新川三幸ビル
郵便番号　104-8007
電話　03-5244-9620
発売所　**株式会社 講談社**
東京都文京区音羽2-12-21
郵便番号　112-8001
電話　03-5395-5817
印刷所／製本所　**中央精版印刷株式会社**

表紙・本文デザイン　市川さつき
編集協力　ブランクエスト

C0036

ISBN978-4-06-539570-7